La guerre à Gaza, de l'analyse du discours médiatique à l'analyse politologique

L'État et les relations internationales en question

P.I.E. Peter Lang

Bruxelles · Bern · Berlin · Frankfurt am Main · New York · Oxford · Wien

Grégory PIET, Sophie WINTGENS,
& David STANS

Préface de Dario Battistella

La guerre à Gaza, de l'analyse du discours médiatique à l'analyse politologique

L'État et les relations internationales en question

« Géopolitique et résolution des conflits »
n° 8

Cet ouvrage a bénéficié du soutien financier du Département de Science politique de l'Université de Liège.

© P.I.E. PETER LANG S.A.
Éditions scientifiques internationales
Bruxelles, 2010
1 avenue Maurice, 1050 Bruxelles, Belgique
www.peterlang.com ; info@peterlang.com

Imprimé en Allemagne

ISSN 1780-5848
ISBN 978-90-5201-662-7
D/2010/5678/57

Information bibliographique publiée par « Die Deutsche Bibliothek »

« Die Deutsche Bibliothek » répertorie cette publication dans la « Deutsche Nationalbibliografie » ; les données bibliographiques détaillées sont disponibles sur le site <http://dnb.ddb.de>.

Table des matières

Deuxième partie

Analyse politologique du discours médiatique : les concepts mobilisés dans les médias

Remerciements

La réalisation et la publication d'un tel ouvrage ne pourraient se concrétiser sans l'assistance d'une équipe d'encodeurs et sans un important travail de relecture et de correction, menant parfois à des débats critiques, mais résolument constructifs. Aujourd'hui, nos chaleureux remerciements s'adressent à tous ceux qui, de près ou de loin, ont contribué à la finalisation de cet ouvrage, et plus particulièrement à Marie-Louise Bruche, Loredana Cucchiara, Grégory Dolcimascolo, Catherine Stans, Marcel Wintgens et Alain Stollenberg.

Nous tenons également à remercier le Conseil du Département de Science politique de l'Université de Liège pour son soutien financier, sans lequel cet ouvrage n'aurait pas pu voir le jour.

À nos conjoints, parents et amis.

Préface

À l'image de l'ensemble des sciences sociales, la science politique porte sur des objets qui appartiennent aussi à la vie de tous les jours – élections politiques, problèmes économiques et sociaux, échanges internationaux. De la plupart de ces objets, chacun d'entre nous a, à un moment ou un autre de sa vie, une expérience immédiate, ne serait-ce que comme citoyen exposé aux discours militants des candidats aux postes de responsabilité, mais aussi en tant qu'acteur plus ou moins actif – membre d'un parti ou d'un syndicat, électeur – ou passif – consommateur, victime d'une grève ou d'un licenciement par exemple. Les choses se compliquent certes pour ce qui est des événements internationaux qui, sauf exception rarissime, ne touchent pas directement les ressortissants des sociétés post-industrielles que nous sommes. Reste que même cette actualité nous paraît volontiers familière, et ce, grâce aux grilles de lecture que nous offrent de ces événements les discours médiatiques.

Par rapport à ces deux types de discours, le discours savant que propose la science politique a parfois du mal à justifier sa raison d'être. À quoi bon ajouter un autre type de discours, est-on tenté de dire, si l'univers qui nous entoure est déjà décrit, analysé, évalué par les professionnels de la politique et de la décision d'un côté, ceux de l'observation et de la communication de l'autre ? En fait, si trois types de discours il y a, c'est bien parce qu'il y a trois intérêts cognitifs différents qui les soustendent : le discours militant cherche à convaincre et donc à mobiliser ; le discours médiatique à séduire pour mieux fidéliser ; et le discours savant à décrire et à expliquer. Davantage, parce que le discours savant est guidé par la recherche de la vérité ou, plutôt, par le souci de se rapprocher de celle-ci, il permet de jeter un œil critique sur les deux autres types de discours.

C'est ce que montrent avec brio Grégory Piet, Sophie Wintgens et David Stans dans leur ouvrage *La guerre à Gaza, de l'analyse du discours médiatique à l'analyse politologique. L'État et les relations internationales en question.* S'attaquant à l'un des deux types de discours non-savant qu'est le discours médiatique, ils montrent tout d'abord les orientations explicites et les biais implicites de la couverture par la presse écrite des grands événements internationaux – en l'occurrence l'offensive israélienne sur la bande de Gaza pendant l'hiver 2008-2009 telle qu'abordée dans quatre quotidiens de référence francophones, deux belges et deux français –, puis les limites de cette couverture, voire ses manquements et oublis, auxquels une analyse politologique permet justement de remédier.

L'ouvrage est divisé en trois parties. La première partie commence par exposer l'approche méthodologique choisie, avant de comparer la façon dont *Le Monde*, *Le Figaro*, *La Libre Belgique* et *Le Soir* ont traité de la guerre de Gaza : l'importance quantitative du nombre d'articles qui lui ont été consacrés, la hiérarchie qualitative de ces articles par rapport aux autres informations, le degré de partialité des analyses proposées, leur penchant au sensationnalisme, etc. Les résultats obtenus, assez conformes à ce à quoi on pouvait s'attendre du fait des analyses existantes sur les quotidiens concernés, montrent une plus grande couverture de l'événement de la part des journaux français par rapport aux journaux belges, une tendance du *Figaro* à se faire le porte-parole, sinon du point de vue du gouvernement français, du moins de la politique traditionnelle de la France dans la région, ainsi qu'une analyse davantage passionnée dans le traitement que propose de cette guerre la presse écrite francophone belge.

Ce premier point établi, la deuxième partie élargit le spectre de l'analyse critique du discours médiatique, en étudiant les concepts utilisés par ce dernier dans sa couverture de la guerre de Gaza. Ce faisant, les trois doctorants s'attaquent à une question épistémologique centrale qui taraude les sciences sociales quand on sait que, précisément parce que portant toutes les deux sur l'univers des pratiques politiques, la science politique et la presse écrite ont recours aux mêmes vocables pour rendre compte desdites pratiques politiques. Pis, les termes en question sont ceux qu'utilise le sens commun : tous les jours, dans nos discussions entre amis ou au café du commerce, nous parlons de guerre, de communauté internationale, de diplomatie, avec les risques de confusion qui s'ensuivent, pour cause de polysémie et d'imprécisions inhérentes à ces notions, handicap dont les sciences exactes ne souffrent pas étant donné qu'elles ont forgé des termes spécifiques pour aborder des réalités non immédiatement palpables. Ici encore, l'objectif des auteurs – souligner le manque de rigueur dans l'utilisation des concepts utilisés – est parfaitement atteint.

Du constat du manque de rigueur terminologique à l'hypothèse du manque d'audace substantiel il n'y a qu'un pas et ce pas est franchi dans la troisième partie, peut-être la plus originale, consacrée à l'étude des aspects de la guerre de Gaza ignorés dans les traitements médiatiques de celle-ci. Après avoir essentiellement mobilisé des outils venant des *media studies*, les auteurs ont dans ce dernier chapitre recours à la discipline des Relations internationales. Leur maîtrise de la littérature théorique concernée leur permet de montrer de façon convaincante que le traitement médiatique de la guerre de Gaza relève d'une approche *problem-solving*, c'est-à-dire implicitement favorable à la vision de l'ordre international véhiculée par les acteurs dominants de la société internationale contemporaine, et donc au détriment d'acteurs considérés comme de la quantité négligeable, dans ce cas précis des États du Sud tels que l'Iran ou le Venezuela.

Critique dans son esprit, rigoureuse dans sa démarche, originale dans son terrain, la recherche de Grégory Piet, Sophie Wintgens et David Stans prouve, si besoin était, que la science politique en général, et belge en particulier, se porte bien. L'auteur de cette préface est persuadé que les lecteurs de l'ouvrage trouveront autant d'intérêt à le lire qu'il a eu du plaisir à rédiger ces quelques lignes de présentation.

Dario Battistella

(Professeur agrégé des universités en Science politique
à Sciences Po Bordeaux, chercheur au Centre Raymond Aron à
l'EHESS, Dario Battistella enseigne aussi à Sciences Po Paris
et est l'auteur de nombreux ouvrages de Relations internationales
dont *Théorie des relations internationales*.)

Introduction

« 11h30. Le 27 décembre 2008, soixante avions de combat et héli-
coptères israéliens bombardent Gaza. 518 heures et 30 minutes plus
tard, après un bilan provisoire de 1 315 morts et plus de 5 000 blessés,
les cessez-le-feu unilatéraux israélien et palestinien prennent effet ».
Bien qu'inventée de toute pièce, cette accroche aurait pu figurer à
l'identique dans la presse. Partant de ce constat, tout comme du principe
que tout discours constitue une production sociale insérée dans un
espace et un temps donnés et participe de stratégies de domination[1], le
temps fort du début de l'année 2009 qu'a représenté la guerre à Gaza
offre, à ce double égard, un laboratoire particulièrement fertile à explorer.

S'inscrivant *ab initio* dans une logique d'analyse médiatique, la réminiscence du conflit israélo-palestinien se révèle d'emblée porteuse
d'enseignements. La mobilisation récurrente de ce conflit induit logiquement la production d'un discours médiatique dual, alliant une lecture
inédite et généralement descriptive de l'événement – aujourd'hui au
travers du prisme de la guerre à Gaza – et l'inscription de cette actualité
dans une représentation « marronnière »[2] qui facilite l'analyse des faits
et contribue à la rendre légitime. Considérant les discours médiatiques
dans leur double composante, indissociablement sémiotique et sociale,
l'analyse réalisée dans le cadre de cette recherche reposant sur une
étude du contenu d'articles de presse produits entre le 19 décembre
2008 et le 19 février 2009 vise à comprendre, dans un premier temps, la
façon dont certains médias ont suivi, traité, voire modifié, l'évolution de
la guerre à Gaza. Ainsi, il s'agira d'identifier la (les) lecture(s) média-
tique(s) de cet événement, ainsi que d'en analyser le contenu et la
portée. Dans un second temps, il s'agira de confronter ce discours
médiatique à une analyse politologique de la guerre à Gaza. Cette mise
en perspective de l'étude des médias et de la Science politique s'opérera
par le biais d'un certain nombre de concepts généralement mobilisés,
tant par le discours médiatique que dans l'analyse politologique, lors du
traitement d'un événement de portée internationale. Fréquemment
relevées dans le corpus médiatique analysé, ces notions telles que

---

[1] Charaudeau, P., « Analyse du discours et communication. L'un dans l'autre ou
l'autre dans l'un ? », *Semen*, n° 23, 2007.

[2] Un marronnier, dans le jargon journalistique, est un article d'information de faible
importance meublant une période creuse, consacré à un événement récurrent et prévi-
sible. Tout comme le marronnier (l'arbre) qui invariablement, tous les ans, produit
ses fruits, le marronnier journalistique reproduit les mêmes sujets avec plus ou moins
d'originalité.

« communauté internationale », « diplomatie », « opinion publique », « guerre » ou encore « État juif » livrent à travers leur utilisation propre une lecture spécifique de concepts largement étudiés en Science politique. Bien que les deux disciplines puissent s'appuyer sur des cadres de référence similaires, l'analyse d'un événement international tel que la guerre à Gaza pourra s'avérer fortement différenciée. Là où la lecture médiatique s'opère essentiellement dans un temps présent – de surcroît pour la presse quotidienne d'information – et si possible sur le terrain de la crise, l'analyse politologique requiert davantage de recul historique et prend en compte, le cas échéant, les enseignements du passé. Dans ce cadre, la colonne vertébrale du présent ouvrage s'articulera autour d'une lecture médiatique *stricto sensu* de l'événement international. Celle-ci permettra de mettre au jour la mobilisation d'un certain nombre de concepts dont il s'agira ensuite de confronter les usages médiatiques et politologiques. L'ouvrage se clôturera par une analyse strictement politologique de l'événement, mêlant les regards de l'internationaliste et du géopolitiste sur la guerre à Gaza. Outre la lecture différenciée des deux disciplines – étude des médias et Science politique – sur une même controverse, la finalité transversale de cette recherche consiste en un questionnement sur la place de l'État dans le système international à travers le prisme de la guerre à Gaza. En d'autres termes, que peuvent nous enseigner la lecture médiatique et l'analyse politologique de l'État et des Relations internationales à l'épreuve de la guerre à Gaza ?

Imbriquer la recherche dans une double approche, mobilisant d'une part l'analyse du discours et la sémiotique et d'autre part l'analyse politologique, s'impose *de facto*. La première partie de cet ouvrage entreprendra une étude quantitative du discours médiatique, précisément d'une certaine presse écrite francophone au travers des quotidiens d'information *Le Monde*, *Le Figaro*, *Le Soir* et *La Libre Belgique*, sur la base de la méthodologie développée au sein du laboratoire d'analyse de presse de la Chaire de relations publiques et communication marketing de l'Université du Québec à Montréal (UQAM) par Violette Naville-Morin et Lise Chartier. Le premier chapitre de cette partie exposera les tenants de cette méthode et les critères d'analyse délimités pour la présente recherche. Ensuite, le deuxième chapitre procédera à l'étude comparée de la fréquence, de l'intensité, de la partialité et de l'orientation respectives des organes de presse échantillonnés. Afin de clore l'analyse quantitative, le troisième chapitre de cette première partie tentera d'approfondir la lecture de l'événement au travers, notamment, d'une analyse chronologique comparée des quatre quotidiens étudiés : le dessein consistera à déterminer la façon dont chacun d'entre eux a construit l'information et, partant, le cadrage des Relations internationales et du rôle de l'État qui en découle.

La deuxième partie de l'ouvrage mettra en exergue la manière dont les médias échantillonnés recourent dans leur discours à des concepts de Sciences sociales dont l'usage – par ailleurs récurrent – traduit un regard particulier sur la place de l'État et des Relations internationales. Pour ce faire, cinq notions ou conceptions récurrentes ont été extraites du discours médiatique. Le premier chapitre sera consacré au concept de « guerre ». Après avoir mis en lumière les cadrages spécifiques et différenciés de l'information liés à l'utilisation du terme de guerre ou de celui de conflit et réalisé l'état de la guerre au travers des théories des Relations internationales depuis l'entame de la période post-guerre froide, il proposera une analyse du concept de « guerre moderne » et de la relation particulière entre « guerre » et « paix », ainsi que du recours dans le discours médiatique à la notion de « longue guerre à Gaza » confronté à une logique historique et à la brièveté des guerres successives dans les conflits israélo-arabe et israélo-palestinien. Elle se clôturera par une mise en perspective de la comparaison souvent mobilisée médiatiquement entre la deuxième guerre du Liban et la guerre à Gaza. Le deuxième chapitre proposera de décrire l'écart de perception, médiatique et politologique, du concept de « diplomatie ». Partant du regard qu'en portent les théories des Relations internationales, il s'agira plus particulièrement de s'interroger sur la place de l'État dans la construction de la diplomatie comme outil de politique étrangère. Dans une logique similaire, le chapitre trois focalisera ensuite l'analyse sur la communauté internationale, et ce, afin d'en définir la nature, les contours ainsi que les pouvoirs qui lui sont conférés et dont elle peut se prévaloir en matière de sécurité internationale. Ce chapitre mettra dès lors le concept de « communauté internationale » à l'épreuve, notamment en tentant de déterminer si elle recouvre une réalité politique tangible ou si, au contraire, elle se résume à une fiction politique « fourre-tout » et vide de sens. Le quatrième chapitre centrera quant à lui l'analyse sur la répercussion du conflit dans les États – essentiellement français et belge au vu de la nature du corpus médiatique étudié – en s'interrogeant sur la notion d'« opinion publique ». Elle est constamment mobilisée par les médias qui n'en livrent toutefois pas à travers leur lecture de l'information une approche claire et précise. Il en va de même pour la répercussion du conflit sur les communautés présentes en France et en Belgique, les organes de presse échantillonnés usant parfois de raccourcis linguistiques entre communauté juive (diaspora) et Israéliens (citoyenneté), ainsi qu'entre communauté musulmane et Palestiniens. Le dernier chapitre de cette deuxième partie clôturera l'analyse qualitative sur une lecture critique de la notion d'« État juif » : l'objectif consistera ainsi à procéder au bilan des caractéristiques distinctives entre l'État israélien et les Juifs, et ce, afin de mettre au jour l'existence d'un lien particulier et étroit entre l'État, la diaspora et les citoyens israéliens.

L'ultime partie de cet ouvrage se verra consacrée à une synthèse propre aux visions de politologues, internationalistes et géopolitistes, sur l'État et les Relations internationales au terme de la guerre à Gaza de 2009, revenant ainsi sur les deux notions fondamentales qui ont servi de fil rouge au présent ouvrage. À travers une double approche, au départ internationaliste avant d'être affinée par une lecture étatique particulière, l'étude proposée dans cette troisième partie traitera, dans le premier chapitre, de la place des Nations unies dans le conflit en posant d'emblée les questions de l'efficience du multilatéralisme et du silence, voire de l'absence, des organisations internationales. Ce questionnement résulte de la citation médiatique de ces dernières principalement à titre d'acteur humanitaire plutôt qu'en vertu de leur rôle dans la résolution du conflit, laissant à cet égard le champ libre aux États. Le deuxième chapitre consistera en la réalisation d'un état des lieux de la géopolitique régionale, et ce, en mettant en exergue la place que prennent les États et certains leaders charismatiques dans le jeu moyen-oriental. Il sera structuré autour d'une brève conceptualisation préalable de la géopolitique suivie d'une lecture du conflit par cercles concentriques au départ d'Israël et de la bande de Gaza avec le voisinage direct et ses acteurs politiques, pour s'étendre ensuite à la sphère régionale et la naissance de leaders charismatiques et conclure par la sphère « internationale » représentée essentiellement, dans le cas de la présente étude, par les États-Unis et la France ainsi que leurs décideurs. Enfin, le troisième chapitre de cette dernière partie orientera spécifiquement le questionnement sur l'avènement d'une alliance stratégique « Sud-Sud » entre les États du Venezuela et de l'Iran, et ce, dans la mesure où la guerre à Gaza a participé de leur mise si pas à l'agenda tout au moins sous les projecteurs médiatiques internationaux. Ce dernier chapitre passera en revue les rapports historiques entre ces acteurs étatiques, avant de focaliser l'attention sur la relation diplomatique entre les deux chefs d'État, Hugo Chávez et Mahmoud Ahmadinejad, et les positions « communes » prises tout au long de la guerre à Gaza.

PREMIÈRE PARTIE

LECTURE MÉDIATIQUE DE LA GUERRE À GAZA : LE CAS DU *MONDE*, DU *FIGARO*, DU *SOIR* ET DE *LA LIBRE BELGIQUE*

Introduction

Si la médiatisation d'un discours engage la reconnaissance par autrui d'une légitimité à dire le réel, et à se dire légitime à le faire à partir d'un certain nombre de titres et de prétentions, on peut donc considérer que le discours, parce qu'il est au fondement de ce jeu de réciprocité, est un enjeu de pouvoir qui engage, bien plus qu'une structure langagière, une structuration symbolique des rôles et des identités.[1]

Méthodologiquement, le choix de la presse écrite quotidienne d'information dans l'analyse du discours médiatique qui s'ensuit se justifie principalement par le caractère aisément mobilisable de ce matériau au vu des contraintes de temps, d'accès à l'information et de gestion de l'équipe de recherche. Par ailleurs, le recours à ce support au détriment de la presse audiovisuelle ou radiophonique s'explique par deux éléments essentiels. Tout d'abord, l'espace dédié à l'information étant généralement plus important en presse écrite, celle-ci est plus souvent à même d'aborder le sujet sous différents angles de vue, et ce, de manière plus approfondie. Ensuite, réaliser une étude de la presse radiophonique et audiovisuelle passerait inéluctablement par une analyse de l'information visuelle et/ou sonore, ce qui modifierait l'objet de la recherche ici menée. La quête de précision dans l'analyse a, par conséquent, impliqué sa nécessaire limitation à un champ restreint.

Afin de consolider les approches comparées et internationales, les quatre quotidiens francophones choisis se devaient d'être issus d'au moins deux États différents. En outre, la lecture de ce conflit a volontairement été cantonnée à la presse francophone, dans la mesure où l'analyse du discours médiatique requiert une maîtrise particulièrement fine de toutes les subtilités linguistiques. Dans cette double optique et dans une logique continue de simplification de la recherche, le choix s'est porté sur la Belgique et la France, dont les paysages médiatiques présentent un socle minimal de similarités susceptible de servir adéquatement la perspective comparée. Plusieurs raisons, notamment d'ordre technique, justifient par ailleurs l'option adoptée : la proximité géographique en termes d'accessibilité au matériau d'analyse (les journaux), une organisation institutionnelle, un fonctionnement et une économie de la presse comparables (présence de grands groupes de presse, d'envoyés

---

[1]   Tavernier, A., « Dire d'où l'on parle. Une analyse rhétorique des discours médiatisés », *Communication présentée au XVIIᵉ Congrès de l'Association Internationale des Sociologues de Langue Française*, Tours, 5-9 juillet 2004, p. 12.

spéciaux, etc.) reposant sur des principes similaires (liberté d'expression, pluralisme médiatique, etc.), l'inclusion dans un même contexte européen et, enfin, un intérêt partagé des presses belge et française pour le sujet étudié – susceptible de trouver explication dans la présence sur leur territoire respectif de fortes communautés juives et musulmanes plus ou moins directement concernées par le conflit israélo-palestinien. Les logiques de presse et les rapports au pouvoir y demeurent toutefois fortement différenciés[2]. Si, comme le souligne John Merrill, « *tout système médiatique est autoritaire* », il importe simplement de « savoir *qui* détient l'autorité »[3]. S'agissant d'un clan religieux, d'une famille royale, d'un parti politique, d'un leader charismatique ou encore des milieux d'affaires, la nature même de cette autorité détermine en effet le ton et le mode de fonctionnement du système médiatique.

S'agissant de la sélection nationale des journaux analysés, soit *Le Monde* et *Le Figaro* pour la France, *Le Soir* et *La Libre Belgique* pour la Belgique, le choix s'est porté sur des quotidiens de référence. Selon les taxinomies respectivement établies par Claude Jamet et Anne-Marie Jannet, ainsi que par Merrill, les quatre journaux analysés appartiennent à la presse quotidienne dite de référence[4]. Ceux-ci accordent en effet une place prépondérante à l'actualité internationale et à la culture, adoptent un ton sérieux et une écriture sophistiquée, exercent une influence sur les leaders d'opinion et servent d'exemples aux journalistes professionnels. Leur couverture met clairement l'accent sur certains secteurs : la politique, les affaires étrangères, l'économie et les finances, les sciences, les arts et la littérature. En dépit d'un statut communément référentiel, ces quatre quotidiens affichent un taux de diffusion national fortement différencié et sont diversement positionnés sur l'« échiquier » médiatique. Selon le Centre d'Information sur les Médias (CIM), le tirage de *La Libre Belgique* pour l'année 2008 s'élevait à 45 560 numéros[5]. Sur une diffusion totale pour l'ensemble de la presse quotidienne

---

[2] Voir, à ce sujet, Péan, P., *La Face cachée du Monde. Du contre-pouvoir aux abus de pouvoir*, Paris, Mille et une nuits, 2003 ; Blandin, C., *Le Figaro. Deux siècles d'histoire*, Paris, Armand Colin, 2007 ; Geuens, G., *Tous pouvoirs confondus. État, Capital et Médias à l'ère de la mondialisation*, Bruxelles, Éditions EPO, 2002 ; Geuens, G., *L'information sous contrôle. Médias et pouvoir économique en Belgique*, Bruxelles, Éditions Labor, 2002.

[3] Merrill, J., « Les quotidiens de référence dans le monde », *Les Cahiers du journalisme*, n° 7, 2000, p. 14.

[4] Jamet, C. et Jannet, A.-M., *La mise en scène de l'information. Tome 2 – Les stratégies de l'information*, Paris, L'Harmattan, coll. « Champs Visuels », 1999, p. 28 et Merrill, J., *op. cit.*

[5] Centre d'Information sur les Médias, *Rapport d'authentification. Libre Belgique + LB Gazette de Liège*, 2007 [en ligne], http://www.cim.be/auth2007/fr/d/d1/d1o_192.html, (consulté le 2 décembre 2009).

francophone belge s'élevant à 459 410 exemplaires, *La Libre Belgique* ne représente qu'environ 10 % des tirages de 2008. Par contre, en termes d'audience, si l'on en croit Pierre Stéphany, « *La Libre* est toujours le journal le plus cité dans les colloques et les revues de Presse »[6]. Alain Stoll pointe également la renommée nationale[7] de l'un des « quotidiens les plus prisés [traditionnellement] des milieux politiques belges francophones »[8]. Au regard des valeurs auxquelles il demeure historiquement attaché, ce quotidien se place sur l'échiquier médiatique belge plus à droite que *Le Soir*. Quant à ce dernier, il se veut progressiste et indépendant et peut être, quant à lui, identifié au centre/centre-gauche. Si ce quotidien parvient à trouver un juste équilibre entre la qualité et l'accessibilité de l'information, Jean-Jacques Jespers constate « une certaine dérive vers plus de sensationnalisme » à travers une « tendance à une forte personnification des informations ainsi que le recours à des titres accrocheurs, souvent négatifs »[9]. *Le Soir* vend 90 091 exemplaires et possède un lectorat de près de 450 000 personnes[10]. Sur une diffusion totale de l'ensemble de la presse quotidienne francophone belge s'élevant à 459 410 numéros, ce journal représente environ 20 % des tirages de 2008. Il demeure toutefois derrière les quotidiens du groupe Sud Presse et ceux des Éditions de l'Avenir. Eu égard aux chiffres de diffusion de ces deux organes de presse francophones – respectivement positionnés en 2008 à la troisième place pour *Le Soir* et à la cinquième pour *La Libre Belgique* –, le choix méthodologique n'a pas été de privilégier l'analyse de journaux à très grand tirage mais la « représentation » de ces quotidiens dans leur paysage médiatique national. Ainsi, fondé en 1944 par Hubert Beuve-Méry, *Le Monde*, journal à destination des responsables politiques et intellectuels, est largement référencé tant en France qu'à l'étranger pour sa rigueur dans le traitement de l'information, sa présentation et son exhaustivité. Il se positionne au centre-gauche sur l'échiquier médiatique français. Quant à son tirage, il dépasse les 300 000 exemplaires par jour. Enfin, avec une diffusion quoti-

---

[6] Stephany, P., *La Libre Belgique. Histoire d'un journal libre 1884-1996*, Louvain-la-Neuve, Duculot, 1996, p. 522.

[7] Il fut longtemps le seul quotidien belge ayant une diffusion nationale, surmontant les frontières linguistiques intérieures du pays.

[8] Stoll, A. (dir.), *Le Guide de la Presse 1990*, Paris, Office Universitaire de Presse (OFUP), 1990, p. 129.

[9] Jespers, J.-J., « Déontologie des médias. Analyse critique d'une semaine du journal *Le Soir* : ce quotidien remplit-il la mission citoyenne des médias telle que la définit la Fondation Roi Baudouin ? », *Notes de cours*, Université Libre de Bruxelles, juillet 2008.

[10] Centre d'Information sur les Médias, *Rapport d'authentification. Le Soir*, 2007 [en ligne], http://www.cim.be/agora/authentication/members/authentified/fr/pdf/269.pdf, (consulté le 2 décembre 2009).

dienne comparable, *Le Figaro* possède comme public cible les responsables économiques, les décideurs politiques et les cadres et, de tendance libérale, se situe au centre-droit sur l'échiquier médiatique français. Il convient toutefois de ne pas faire de rapprochement intuitif entre les notions de centre-gauche et centre-droit des échiquiers médiatiques belge et français, relativement éloignés l'un de l'autre. L'intérêt de la démarche est en effet de prendre des positions différentes au départ du même échiquier médiatique national et non d'établir des congruences entre des positions propres à chaque échiquier médiatique étudié.

Partant de ces précautions et préalables méthodologiques, cette recherche originale de nature exploratoire[11] constitue *in fine* les prémisses d'un dessein pouvant être étoffé ultérieurement, en élargissant par exemple le spectre des quotidiens analysés.

Selon la littérature sur le traitement médiatique – tant de l'information de manière générale que d'un événement aussi singulier qu'une guerre –, les médias ne répondraient qu'à une neutralité « relative » dans leur gestion de l'information[12]. Ainsi, comme le souligne une étude menée par le Laboratoire d'analyse de presse de l'UQAM, qui a recensé près de quatre cents études menées sur le sujet endéans une période de vingt-cinq ans, « la presse prend position quatre fois sur dix en moyenne, ce qui signifie que 40 % du contenu médiatisé est orienté »[13].

Ce constat permet, d'une part, de fixer le seuil d'une neutralité « relative » qui sera utilisé ultérieurement comme point de référence et de comparaison entre les journaux choisis pour réaliser la présente enquête. D'autre part, il pousse à s'interroger sur un cas pratique, en se basant sur la méthode Morin-Chartier. Celle-ci doit permettre de comprendre comment la guerre à Gaza a été médiatiquement gérée par quatre organes de presse écrite française et belge de référence : *Le Monde*, *Le Figaro*, *Le Soir* et *La Libre Belgique*. En d'autres termes, ce sujet a-t-il été traité de manière partiale ou impartiale par ces quotidiens ? L'information transmise par ces derniers était-elle orientée – colorant *de facto* la partialité d'une façon positive ou négative ?

Cette première partie s'organisera autour de trois chapitres portant respectivement sur la description de la méthode susmentionnée, sur son

---

[11] En ce sens, il s'oppose à un travail à vertu « confirmatoire » visant à vérifier des hypothèses énoncées au préalable.

[12] Voir, notamment, à ce sujet Halimi, S. et Vidal, D., *L'opinion, ça se travaille...*, Marseille, Agone, coll. « Éléments », 2006 ; Hertoghe, A., *La guerre à outrance. Comment la presse nous a désinformés sur l'Irak*, Paris, Calmann-Lévy, 2003.

[13] Leray, C., *L'analyse de contenu, de la théorie à la pratique. La méthode Morin-Chartier*, Québec, Presses de l'Université du Québec, 2008, p. 10 ; Chartier, L., « Un chiffre étonnant : 40 % de la partialité de la presse ! », *Bulletin de Recherches RP*, juin 2004.

application au moyen d'instruments d'analyse tels que l'intensité, la fréquence, la partialité ou encore l'orientation de l'information relative à l'événement international déterminé et, enfin, sur l'analyse chronologique particulière de l'événement qui, dans son ensemble, s'étale sur une durée de soixante jours entre le 19 décembre 2008 et le 19 février 2009.

CHAPITRE I

L'approche méthodologique :
le choix de la méthode Morin-Chartier

L'analyse ponctuant cette recherche repose sur une méthodologie[1] ayant valeur de fil rouge. Ainsi, pour répondre scientifiquement à la première partie de la question centrale posée par cet ouvrage – quel est l'impact de la guerre à Gaza de 2009 sur l'État et les Relations internationales : quelle(s) lecture(s) en font les médias et les politologues ? –, il convient de définir la méthode *ad hoc*, de se référer à une grille d'analyse précise et rigoureuse, ceci afin de valider et légitimer les résultats obtenus.

L'analyse de contenu « permet […] de retracer, de quantifier, voire d'évaluer, les idées ou les sujets présents dans un ensemble de documents »[2]. Cette méthode trouve son origine dans les théories d'Harold Dwight Laswell sur l'analyse des communications. Ce dernier a en effet élaboré un modèle de référence de l'étude de la communication de masse consistant à s'interroger sur « qui dit quoi par quel canal et avec quel effet »[3]. Parallèlement se développe, aux États-Unis, une approche quantitative reposant sur le repérage de mots-clefs et sur leur fréquence d'apparition. Peu exhaustive, cette approche ne permet pas de saisir la tendance des propos émis, se cantonnant au seul aspect quantitatif de l'analyse de contenu.

Les années 1950 marquent un tournant dans l'évolution de l'étude du discours. À cette époque, les écoles américaine et française commencent à s'intéresser au « sens » du récit. L'objectif est de comprendre le processus de construction du sens dans un discours. De cette approche naît « l'analyse structurale du récit », notamment développée par Edgar Morin, Violette Naville-Morin, Georges Friedmann et Roland Barthes[4].

---

[1] Une méthodologie est une « réflexion systématique sur les méthodes, les principes et les démarches, les techniques d'enquête (statistiques, questionnaires, entretiens, observation directe, etc.) mis en œuvre dans le cadre de la recherche scientifique ». Voir le glossaire dans Accardo, A. et Corcuff, P., *La sociologie de Bourdieu. Textes choisis et commentés*, 2ᵉ édition revue et commentée, Bordeaux, Le Mascaret, 1989, p. 232.

[2] Leray, C., *op. cit.*, p. 5.

[3] *Ibidem*, p. 13.

[4] *Ibidem*, p. 14.

Le discours n'est alors plus la seule source à entrer en ligne de compte dans l'analyse de contenu : romans, films, publicités, caricatures ou encore poèmes[5] deviennent des objets d'étude de l'analyse structurale. Dès 1970, l'analyse de contenu médiatisé se développe sous l'égide de Naville-Morin qui a déposé, cinq ans plus tôt, une thèse sur « l'écriture de la presse »[6]. À partir de cet ouvrage et à l'aide des concepts théoriques de Naville-Morin, le réseau Caisse-Chartier dégage en 1980 une méthode pratique destinée à évaluer la communication des médias, l'unité d'information et l'unité de sens en étant les éléments clefs. Elle constituera la méthode maîtresse de cette recherche.

Le cadre analytique

La première étape de la méthode consiste à établir une grille d'analyse regroupant l'ensemble des éléments de l'événement que l'on désire retracer[7]. Cette grille définit des variables ou catégories de classification du contenu telles que le média étudié, le titre de l'article – dans le cas d'une analyse de presse –, la période déterminée, le sujet défini au préalable, le dossier et les intervenants potentiels, etc. Dans le cadre de la présente étude, la grille de lecture de l'actualité se concentre essentiellement sur six variables ou catégories :

- Les « sujets », tout d'abord, permettent d'identifier les thèmes ou idées développés dans le document en référence à la problématique étudiée[8]. Autrement dit, il s'agit de déterminer des « noyaux référents », proches de l'analyse par grappes développée par Robert Mucchielli[9]. Dans cette recherche, la grille d'analyse compte les neufs sujets suivants : « guerre », « diplomatie », « communauté internationale », « répercussion du conflit », « Gaza », « Hamas », « Autorité palestinienne », « Israël » et « élections législatives israéliennes ». Elle se focalise sur les thématiques propres à une analyse de Science politique et sur les acteurs du conflit qui apparaissent de façon récurrente au sein des quotidiens analysés. La détermination des sujets répond dès lors à la volonté d'identifier la lecture qu'en donnent les journalistes et, de surcroît, la partialité ainsi que l'orientation du corpus analysé. « Choisir c'est renoncer », affirmait André Gide. Le choix de ces sujets demeure inévitablement subjectif, dans la mesure où il

---

[5]   *Idem.*

[6]   Naville-Morin, V., *L'écriture de presse*, Paris, Mouton, 1969.

[7]   Leray, C., *op. cit.*, p. 22.

[8]   *Ibidem*, p. 23.

[9]   Ghiglione, R. et Matalon, B., *Les enquêtes sociologies. Théories et pratique*, Paris, Armand Colin, 1998, p. 186-193.

reflète l'identité du chercheur : sa sensibilité pour diverses matières connote *de facto* socialement la recherche. Même si la décision initiale est laissée à la liberté du chercheur, l'analyse, une fois délimitée, respectera toutefois le détachement scientifiquement requis, tel que le défend Max Weber dans sa conception de la « neutralité axiologique » ;

-   Les « dossiers », ensuite, constituent les dérivés d'un sujet et ont pour but de préciser leur contenu[10]. Si le choix de ces dossiers découle logiquement de la catégorisation préalable des sujets, il permet d'en affiner la lecture tandis que l'analyse y gagnera en rigueur (voir *infra*) ;

-   Les « intervenants » peuvent être identifiés par leur nom ou par une dénomination générique comme celle de porte-parole, groupe de pression ou encore gouvernement[11]. Dans le cas présent, les intervenants sont répartis en diverses catégories d'acteurs : « expert », « écrivain », « homme politique », « ONG », etc. Cette troisième catégorie permet également d'établir une distinction entre les dépêches d'agences de presse et les articles produits par les journalistes. Dans la mesure où le recours journalistique aux discours extérieurs (témoignages de profanes, interviews d'experts, tribunes libres, etc.) est l'un des constitutifs du discours d'information, cette différenciation permet non seulement d'identifier les interventions d'experts – souvent assimilées à « l'intronisation de paroles dotées de légitimité »[12] – dans les colonnes des quotidiens, mais également de voir à quelle fréquence les journaux recourent aux dépêches pour informer le lecteur ;

-   La détermination de « périodes » – « avant la guerre », « pendant la guerre » et « après la guerre » – permet de structurer le discours des médias afin d'en simplifier la lecture. Il importe d'avoir à l'esprit que certains événements survenus à un moment précis peuvent en modifier le ton et la portée[13] ;

-   La variable « média » compile l'échantillon de journaux utilisés pour la recherche et l'analyse de contenu, à savoir *Le Monde*, *Le Figaro*, *Le Soir* et *La Libre Belgique*. Selon Christian Leray, « cette catégorie permet de mesurer l'impact des quotidiens »[14] ;

---

[10] Leray, C., *op. cit.*, p. 23.
[11] *Ibidem*, p. 27.
[12] Tavernier, A., *op. cit.*, p. 2.
[13] Leray, C., *op. cit.*, p. 28.
[14] *Idem*.

- La catégorie des « titres », enfin, trouve sa pertinence dans le poids des « titres » et de la « Une » au sein d'un contenu de nature médiatique, en raison de la portée symbolique conférée à l'information qui y est publiée. Comme le souligne Thomas Léonard, « le lecteur regarde un peu plus de la moitié des titres d'un journal et décide ensuite de prendre connaissance de la moitié des articles ainsi repérés »[15]. Cette recherche mettra dès lors largement l'accent sur l'étude de la titraille en tant qu'elle participe largement de la structuration de l'information. Il sera volontairement procédé à l'évacuation du débat sur la paternité des titres produits, considérant par défaut qu'ils sont l'œuvre du quotidien – sans distinction entre le journaliste qui a rédigé l'article ou un groupe de rédacteurs qui plancherait sur les titres de chaque édition. L'important reste de comprendre comment les journaux – et non un journaliste en particulier – parlent de l'événement, en axant prioritairement l'analyse sur le discours du vecteur-auteur (le journal) au détriment de l'auteur (le journaliste).

Le codage

En s'appuyant sur la conceptualisation de Chartier, les unités d'information peuvent être définies comme une succession d'idées différentes sur un même sujet diffusé dans un média particulier, permettant de comprendre au mieux la manière dont ce dernier traite et transmet l'information :

> Dans tout document de presse, qu'il soit écrit, lu, dit, récité ou dialogué, l'unité d'information correspond à une idée provenant d'une source quelconque, mise en forme et acheminée par un média et comprise par des membres de son auditoire. L'ensemble des unités d'information constitue un magma informel dans lequel nous baignons tous. Isolément, la compréhension de chacune des idées extraites des nouvelles peut varier selon l'acteur, le transmetteur ou le récepteur. Le travail d'analyse consiste à décoder objectivement le récit médiatisé en utilisant un étalon de mesure constant.[16]

L'auteur stipule également que les unités d'information peuvent être de différentes tailles allant de quelques mots à un paragraphe et permettent de clarifier, de préciser ou d'illustrer une idée principale par une série de qualificatifs :

> L'Unité d'information est donc constituée d'un contenu informatif circonscrit à l'intérieur d'une nouvelle, peu importe qu'il se répète ou qu'il

---

[15] *Ibidem*, p. 31.

[16] Chartier, L., *Mesurer l'insaisissable*, Québec, Presses de l'Université du Québec, 2003, p. 70.

change. Elle relève à la fois de la logique et de la linguistique. Au chapitre de la logique, elle incarne le niveau le plus général de compréhension d'une idée, ce qui correspond à la réalité concrétisée chez le lecteur ou l'auditeur. Au chapitre de la sémantique, elle peut comporter quelques mots, une phrase complète et parfois même quelques phrases ou paragraphes se rattachant à une idée, et sans y ajouter de nouvel élément informatif quant à sa classification.[17]

---

[17] *Idem.*

La lecture médiatique de l'événement : analyse comparée

Fixer les périodes de l'événement

Afin de structurer l'analyse comparée des quatre quotidiens échantillonnés, il convient en premier lieu d'opérer une périodisation. Trois périodes ont été distinguées : l'avant-guerre, la guerre et l'après-guerre à Gaza. Pour des questions pratiques et de recoupement des données, il fut communément établi de clore la recherche au 19 février 2009, date à laquelle l'information éditée sur le sujet s'est réduite dans l'échantillon à moins de deux articles par jour, et ce, depuis au minimum trois journées successives. Sachant que le déclenchement des hostilités est identifié au samedi 27 décembre 2008, marqué par les premières offensives israéliennes sur la bande de Gaza, tandis que le dimanche 18 janvier 2009 est recensé comme le début du cessez-le-feu et du retrait israélien de la bande de Gaza, le découpage en périodes pour les quatre quotidiens analysés a été réalisé comme suit :

- D'une part, la parution décalée du journal *Le Monde* – édité en après-midi par rapport aux trois autres journaux publiés le matin – posait initialement un problème de catégorisation dans la définition des dates des premiers jours de la guerre et de l'après-guerre. Ce décalage d'une journée dans la publication des informations transparaît inéluctablement dans l'édition du week-end couvrant le dimanche et le lundi. Tenant compte de ce biais, la catégorisation par période pour ce quotidien s'établit spécifiquement comme suit : l'avant-guerre s'étend du jeudi 18 décembre 2008 au week-end (dimanche et lundi) des 28 et 29 décembre ; la période de guerre couvre les événements se déroulant entre le mardi 30 décembre 2008 et l'édition du week-end des 18 et 19 janvier 2009 ; l'après-guerre débute le mardi 20 janvier 2009 pour se terminer le jeudi 19 février 2009. Au final, la périodisation englobe deux mois de couverture de l'événement ;

- D'autre part, les trois autres quotidiens – *Le Figaro*, *Le Soir* et *La Libre Belgique* – affichent une parution classique et une édition du week-end qui couvre le samedi et le dimanche. Leur découpage périodique étend logiquement l'avant-guerre du jeudi 18 décembre 2008 au week-end (samedi et dimanche) des 27 et 28 décembre. La couverture médiatique de la guerre s'étale quant à elle du lundi 29 décembre 2008 au week-end des 17 et 18 janvier 2009, tandis que l'après-guerre couvre la période du lundi 19 janvier 2009 au jeudi 19 février 2009.

Définir l'intensité de l'information

Quantitativement, quels enseignements peuvent être tirés du traitement de la guerre à Gaza par les quatre quotidiens français (*Le Monde* et *Le Figaro*) et belges (*Le Soir* et *La Libre Belgique*) ? Cette question sous-tend, en filigrane, toute la pertinence d'une analyse quantitative des données, en ce compris la mesure des fréquences, de la partialité ou encore de l'orientation des médias en fonction de l'événement étudié. Pour diverses raisons techniques et objectives de simplification, de lisibilité, de compréhension et d'interprétation, les articles ont été regroupés en sept rubriques plus ou moins calquées sur le découpage des journaux : la « Une », l'éditorial, la rubrique « International », la rubrique « Europe », la rubrique « France », les débats – englobant « Analyse », « Chronique », « Bloc-notes », « Opinion », « Carte blanche », exception faite du « Courrier des lecteurs » ne reflétant pas l'analyse d'experts ou de journalistes[1] mais davantage une particularité de l'opinion publique qui ne peut être assimilable au vecteur médiatique (voir *infra*) – et une catégorie « Autre » reprenant l'ensemble des rubriques inclassables, telles que « Page trois », « Enquête » ou « dossier spécial » dans *Le Monde* ; « RectoVerso » ou « Portrait » dans *Le Figaro* ; « Temps fort » ou « Focus Week-end » dans *Le Soir* ; « Le fait du jour » dans *La Libre Belgique*.

Analyser les titres et « Une »

En se focalisant d'abord sur l'analyse comparée des « Une » est recensé un nombre quasiment similaire de premières pages consacrées à l'événement au sein des journaux français, soit respectivement vingt-huit pour *Le Figaro* et vingt-sept pour *Le Monde*. Dans les quotidiens belges, le nombre de « Une » s'élève à vingt-deux pour *La Libre Belgique* et dix-neuf pour *Le Soir*. Il faut toutefois rappeler que les « Une » ne sont pas entièrement comparables, en raison de la parution décalée du quotidien *Le Monde*.

---

[1] Bien que les témoignages de profanes représentent l'un des constituants du discours d'information, ils ne livrent pas dans ce cadre de référentiel pertinent pour l'objet de la présente analyse. Hubé, N., « Le courrier des lecteurs. Une parole journalistique profane ? », *Mots. Les langages du politique*, n° 87, 2008/2, p. 99-112.

Par ailleurs, en ce qui concerne la comparaison du nombre de titres consacrés à la guerre à Gaza, l'exercice de comptabilisation se révèle particulièrement significatif. Si *Le Figaro* a titré sur la guerre à Gaza à deux cents quarante-sept reprises, *La Libre Belgique* et *Le Monde* le suivent avec respectivement deux cents vingt-huit et deux cents occurrences, tandis que *Le Soir* en comptabilise cent soixante-cinq. Au total, *Le Figaro* compte deux cents septante-quatre titres et « Une », *La Libre Belgique* deux cents cinquante, *Le Monde* deux cents vingt-sept et *Le Soir* cent quatre-vingt-quatre. En comparant ces chiffres sur une base nationale, il subsiste entre la France et la Belgique un écart de 13 % en faveur des journaux de l'Hexagone. Si ce premier constat exclut, à ce stade, d'entamer tout développement analytique sur le traitement de l'information, il met néanmoins en exergue deux éléments. D'une part, le nombre d'articles recensés pose deux hypothèses : l'une d'un intérêt légèrement supérieur dans le chef des quotidiens français pour cet événement international, l'autre des moyens financiers des différents quotidiens (plus de journalistes et plus d'envoyés spéciaux pour couvrir l'événement). D'autre part, il convient de nuancer l'importance du nombre d'articles globalement relevés dans *La Libre Belgique*. La multiplication de petits articles – voire de micro-rubriques telles que « La phrase », « Le chiffre » ou « Repères » – vient gonfler le nombre total d'articles recensés.

Analyser les rubriques

Parmi les six précédemment déterminées, la rubrique « International » consacre le plus grand nombre de titres à la guerre à Gaza : deux cents et quatre pour *Le Figaro*, cent cinquante-neuf pour *La Libre Belgique*, cent quarante-sept pour *Le Monde* et cent dix-neuf pour *Le Soir*. Seul *Le Monde* établit une distinction dans le traitement de l'événement entre les points de vue international et européen, sans pour autant que le nombre total d'articles (précisément trois)[2] soit considérable. Aborder la guerre à Gaza au travers des rubriques « Europe » ou « National » témoigne de la prise en compte par le quotidien des répercussions d'un tel événement à différents niveaux de la scène politique. Il importe toutefois de nuancer ce propos en soulignant que les quotidiens belges ne négligent pas ce volet, sans toutefois insister sur la localisation de la « répercussion du conflit ». Ils parlent davantage de l'Europe et de la Belgique dans les colonnes de leur rubrique « International ».

---

[2] « L'émotion suscitée par la guerre à Gaza provoque une forte mobilisation », *Le Monde*, 10 janvier 2009 ; « En Europe, où plusieurs défilés sont prévus, la mobilisation est inégale », *Le Monde*, 11-12 janvier 2009 ; « L'Union européenne cherche à prévenir la radicalisation des jeunes musulmans », *Le Monde*, 12 février 2009.

Concernant à présent le nombre d'éditoriaux consacrés à la guerre à Gaza au sein de l'échantillon, la proportion est quasiment identique – huit éditoriaux pour les quotidiens français et sept pour *Le Soir* –, à l'exception de *La Libre Belgique* qui n'en compte que cinq. Si la « fonction première d'un éditorial est d'exprimer une opinion ou une position d'un journal sur une question d'actualité »[3], celle-ci s'ancre parfois dans une analyse plus ou moins approfondie de l'événement considéré. Le point de vue est dans ce cas ouvertement « orienté ». Comptabiliser le nombre d'occurrences éditoriales se révèle dès lors éclairant pour notre propos, et ce, à deux égards. D'une part, de façon générale, le traitement éditorial marque assurément l'intérêt du journal pour l'événement développé dans cette rubrique et la position qui y est défendue en dévoile la ligne éditoriale. D'autre part, l'analyse quantitative des éditoriaux conforte la lecture précédemment opérée du traitement de l'information par *La Libre Belgique* qui, malgré un grand nombre de très petits articles, ne comporte que peu d'éditoriaux[4]. La place que ces derniers occupent au sein des quatre quotidiens étudiés induit en outre une différence manifeste de traitement : si *Le Monde* et *La Libre Belgique* leur consacrent une rubrique spécifique, les deux autres journaux intègrent leurs « éditos » dans la rubrique « Opinion ».

La rubrique « National » n'apparaît pas en reste de références à la guerre à Gaza, puisque sont recensés sept articles dans le journal *Le Monde* et trois dans *Le Figaro*. Par comparaison, la presse belge n'introduit aucun article relatif à l'événement dans cette même rubrique. La répercussion du conflit sur la scène intérieure est portée à l'attention du lecteur, mais est incluse dans les articles d'autres rubriques (« International », etc.).

L'analyse de la rubrique « Débat » montre que les journaux français accordent deux fois plus d'espace rédactionnel à la publication de points de vue sur l'événement. Plusieurs raisons, non exclusives, expliquent ce déséquilibre. Accorder une place importante au débat peut simplement découler du choix éditorial propre à chacun des quotidiens étudiés ou, plus largement, de la culture médiatique nationale, en ce compris de la nature et de l'ampleur des liaisons entre les mondes scientifique et médiatique, de la visibilité internationale des quotidiens et de leur légitimité sur le plan national (plus importante en France[5]), ou encore

---

[3]   Gauthier, G., « L'analyse éditoriale française et québécoise. Une comparaison entre *Le Monde* et *Le Devoir* », *Études de communication*, n° 25, 2002, p. 145-160.

[4]   Le 29 décembre 2008, les 5, 7 et 19 janvier 2009 et le 10 février 2009, soit trois éditoriaux durant le conflit et deux après ce dernier.

[5]   Dans l'étude de John Calhoun Merrill proposant en 1968 un classement des quarante principaux quotidiens de référence dans le monde, *Le Monde* figure en troisième po-

d'un lissage des opinions politiques (plus marqué en Belgique en opposition à la prégnance de la culture du débat en France). En outre, sachant que « le "sérieux" ou le renom des journaux dépend de l'espace qu'ils consacrent aux questions internationales »[6], la concurrence entre des journaux comme *Le Soir* et *La Libre Belgique* pour le titre convoité de « journal de référence national » se joue également sur ce terrain. Toutefois, comment circonscrire méthodologiquement ce que les quotidiens inscrivent dans une logique de débat ? La méthode choisie a été de recenser systématiquement les rubriques et sous-rubriques des journaux s'apparentant à un échange ou à une confrontation de points de vue. Concernant *Le Monde*, les sous-rubriques classées dans « Débat » sont « Dialogue », « Opinion », « Analyse » et « Chronique », tandis que cette même rubrique générique contient pour le second quotidien français les sous-groupes « Opinion », « Analyse », « Chronique » et « bloc-notes ». Pour *Le Soir*, elles se répartissent entre « Forum », « Chronique » et « Carte blanche », alors que le dernier quotidien belge ne compte qu'une sous-rubrique « Opinion ».

Figure 1 – Nombre de titres par quotidien et par rubrique

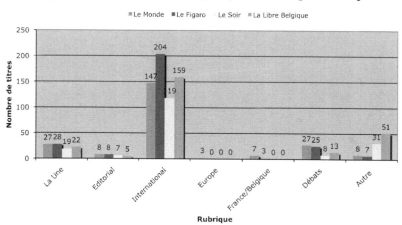

À l'inverse du constat émis pour la rubrique « Débat », la rubrique « Autre » se révèle trois à sept fois plus importante dans les quotidiens belges que dans leurs équivalents français. Comment dès lors expliquer méthodologiquement l'insertion d'une telle rubrique, ainsi que l'écart patent entre les presses écrites françaises et belges ? Sa création répond

sition. Il apparaît encore en sixième position dans sa version réactualisée datant de 1999. Merrill, J. C., *op. cit.*, p. 12.

6 Marthoz, J.-P., *Journalisme international*, Bruxelles, Éditions De Boeck Université, coll. « Info & Com », 2008, p. 60.

à la nécessité méthodologique de répertorier les rubriques et sous-rubriques « inclassables », telles que « Temps fort » ou « Focus week-end » pour *Le Soir*, « Repères » pour *La Libre Belgique*, « Portrait », « Recto-Verso » pour *Le Figaro* ou encore « Enquête », « Page Trois », « Dossier spécial » pour *Le Monde*. Cela provient du fait que *Le Soir* met en évidence les sujets sensibles, comme la guerre à Gaza, dans sa rubrique « Temps fort », ce qui tend à démultiplier l'importance de cette rubrique, extrayant une série d'articles de la rubrique « International ». Quant à *La Libre Belgique*, la multiplication des micro-articles n'étant assimilables à aucune rubrique en est la cause majeure.

Une analyse complémentaire peut également être effectuée au regard des trois périodes précédemment identifiées (avant, pendant et après la guerre à Gaza). Assez logiquement, c'est au cœur du conflit que se concentre près de deux tiers des articles, répartis pour les quatre quotidiens entre 62,4 % (pour *La Libre Belgique*) et 65,7 % (pour *Le Soir*). Cependant, si l'« avant-guerre » est davantage suivie par les quotidiens français, avec respectivement 6,14 % et 6,93 % pour *Le Monde* et *Le Figaro* en termes de proportion d'articles par rapport à la somme totale des articles recensés, *La Libre Belgique* traite proportionnellement plus la sortie de crise avec 35,2 % contre 30,4 % pour *Le Soir*, 28,9 % pour *Le Monde* et 28,1 % pour *Le Figaro*. Notable, cette divergence s'explique essentiellement par le traitement conjoint et les liens de causalité qu'opère *La Libre Belgique* entre la campagne électorale et les résultats des législatives israéliennes, et les conséquences du conflit à Gaza. À cette période, les journaux français sont quant à eux confrontés au traitement d'un autre événement « international », la crise dans les DOM-TOM (voir Figure 2).

Figure 2 – Nombre de titres par quotidien et par période

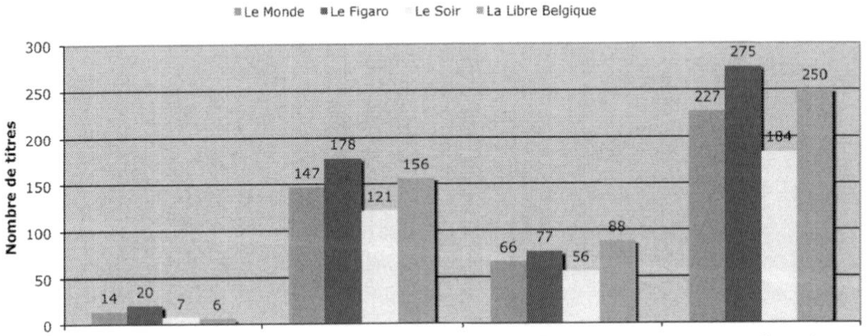

Analyse périodique

Concernant la lecture du traitement médiatique pendant la période de l'avant-guerre, les tractations[7] au Moyen-Orient du président de la République, Nicolas Sarkozy, en vue d'entamer un processus de paix et d'obtenir le partage de Jérusalem justifient la proportion supérieure d'articles français consacrée alors à l'événement dans *Le Figaro*. La Figure 3 met en évidence la récurrence dans ce quotidien des sujets « diplomatie » et « Israël ». Aucune tendance ne se démarque formellement pour le reste, à l'exception peut-être du sujet « Hamas » qui occupe une relative importance dans *Le Monde*.

Figure 3 – Nombre d'occurrences par quotidien et par sujet pour l'avant-guerre

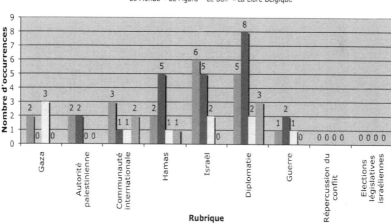

L'observation des occurrences relatives à la période de « sortie » du conflit à Gaza met en relief plusieurs éléments. Premièrement, *Le Soir* accorde de manière transversale une attention particulière aux positions de l'ensemble des acteurs nationaux, régionaux ou internationaux impliqués de près ou de loin dans le conflit[8]. Deuxièmement, *Le Figaro*

---

[7]   Voir notamment *Le Figaro* du 18 décembre 2008 : « Le plan de paix français pour Jérusalem » ; « Le plan français pour la paix au Proche-Orient » ; « Netanyahu à Paris pour rencontrer Sarkozy ».

[8]   Voir notamment, à partir du 19 janvier 2009, dans *Le Soir* : « Cessez-le-feu fragile à Gaza, Israël et le Hamas s'engagent » ; « Barack Obama poussera-t-il Israël à oser la paix ? » ; « Ban Ki-Moon réclame des poursuites judiciaires » ; « La colère turque, premier dégât diplomatique » ; « Sommet arabe : les divisions subsistent » ; « Nous demandons à l'Europe de se réveiller » ; « Le Hamas coupable d'exactions ? » ; « La

se concentre sur les efforts diplomatiques et la communauté internationale[9], laissant peu de place à la notion de « guerre » et à la « répercussion du conflit ». Cette priorité peut se justifier par l'activation de la diplomatie française dans le processus de résolution de la crise – plus particulièrement, par les nombreuses initiatives du président français. *A contrario*, malgré l'activisme de Sarkozy, *Le Monde* traite de l'événement de façon constante à travers les périodes, en passant en revue l'ensemble des sujets, en abordant tant la guerre, la répercussion du conflit et la communauté internationale que les élections législatives israéliennes ou encore la diplomatie. Troisièmement, *La Libre Belgique* met davantage l'accent sur la répercussion du conflit et son impact sur les scènes régionale et internationale, au même titre que les élections législatives israéliennes, dressant des liens de causalité entre ces dernières et la guerre à Gaza. Quoique un peu moins représentée, la diplomatie occupe dans ce quotidien également une place de choix[10].

**Figure 4 – Nombre d'occurrences par quotidien
et par sujet pour l'après-guerre**

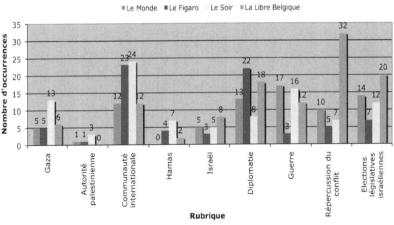

Belgique est déconseillée » ; « L'UE ne demande pas une enquête internationale », etc.

[9] Voir notamment, à partir du 19 janvier 2009, dans *Le Figaro* : « Le forcing des Européens pour la paix à Gaza » ; « Mobilisation pour la paix à Charm El-Cheikh » ; « Hubert Védrine : il faut réenclencher un processus de négociations entre Israéliens et Palestiniens » ; « Proche-Orient : Sarkozy veut une conférence de paix à Paris » ; « Paris veut organiser une grande conférence de paix » ; « L'émissaire d'Obama en route pour le Proche-Orient » ; « Omar Souleiman, l'homme qui sait parler à Israël et au Hamas », etc.

[10] Voir notamment, à partir du 19 janvier 2009, dans *La Libre Belgique* : « Gaza : des ONG belges parties à une plainte à La Haye contre Israël » ; « Les Israéliens craignent des poursuites » ; « La guerre des plaintes », etc.

D'un point de vue méthodologique, les contraintes imposées par le traitement différencié de l'information du quotidien *Le Monde* – doté pour rappel d'une édition du week-end décalée (dimanche-lundi) – ont induit une présentation adaptée afin que toutes les données apparaissent de manière cohérente au sein d'un seul et même graphe. À cette fin, une référence particulière a été utilisée : la mention « week-end 1 » en référence à la configuration classique des éditions du week-end (samedi-dimanche) – ce qui équivaut au samedi pour *Le Monde* – et la mention « week-end 2 » en référence à la configuration spécifique du quotidien français – ce qui équivaut au lundi pour les autres journaux analysés. La lecture de la Figure 5 relative à l'analyse quotidienne de l'information conduit à distinguer trois pics d'intensité. Le premier s'illustre entre le jour du début du conflit et le 1er janvier 2009, le deuxième s'étend du 3 au 20 janvier et le dernier couvre la période du 6 au 13 février. Pour les deux premiers pics, l'intensité du traitement de l'information relative à la guerre à Gaza se justifie par le suivi journalier – exception faite des fêtes de fin d'année correspondant à une suspension des éditions – du conflit opéré par l'ensemble des quotidiens. Ces deux pics d'intensité traduisent également une lecture relativement « lisse » du conflit. Autrement dit, le traitement médiatique apparaît régulier et suivi : l'ensemble des événements couverts est centré sur une période d'intensité unique, dépourvue de phases de fluctuation alternant diminution et reprise de la couverture médiatique de la guerre à Gaza. Le troisième pic d'intensité émerge, quant à lui, aux alentours des élections législatives israéliennes (10 février 2009), ce qui justifie le point culminant à cette date.

Figure 5 – Nombre de titres par quotidien et par jour

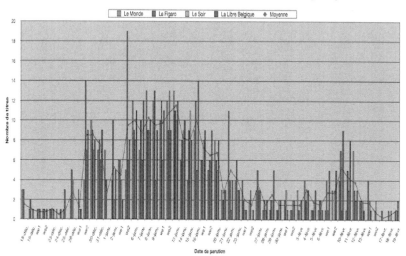

La première lecture, globale, de ces différents pics d'intensité se doit d'être affinée par une analyse journalière. Dans un premier temps, considérant qu'un pic journalier fait sens à partir du moment où il est supérieur de quatre articles au moins par rapport à la moyenne journalière, quatre pics d'intensité ont pu être significativement recensés. Le 29 décembre 2008 est le premier jour d'affluence relevé. La forte couverture à cette date s'explique globalement par l'entrée en guerre effective d'Israël et, plus particulièrement pour *Le Figaro*, par un traitement médiatique de l'ensemble des acteurs du conflit et des enjeux pour chacun d'eux. Dans cette perspective, ce journal affiche, dès le début de la guerre, une forte dimension régionale et internationale[11]. Par ailleurs, l'écart entre *Le Monde* et les trois autres quotidiens s'explique à nouveau par le décalage de parution. Le deuxième pic en date du 1er janvier 2009 et concernant *Le Monde* se justifie moins par l'avènement d'éléments nouveaux liés au conflit que par la réalisation d'un premier bilan de l'intervention israélienne[12]. Le pic du 2 janvier 2009 du journal français *Le Figaro* trouve quant à lui écho dans une large couverture médiatique des tractations du président français au Proche-Orient[13]. Le 5 janvier 2009 apparaît un autre pic pour ce même quotidien qui couvre le déclenchement de la deuxième phase (offensive terrestre) de l'opération « Plomb durci » et dresse le bilan des réactions internationales[14]. Dans son édition du 16 janvier 2009, *La Libre Belgique* connaît à son tour un pic d'intensité qui correspond à un premier bilan des initiatives des acteurs internationaux, mêlant ouverture du dialogue et

---

[11] Voir notamment dans *Le Figaro* du 28 décembre 2008 : « Moscou veut s'imposer comme interlocuteur au Moyen-Orient » ; « Le Monde arabe demande des comptes à l'Égypte » ; « Ankara condamne les raids israéliens à Gaza » ; « Gaza, en attendant Obama ».

[12] Voir notamment dans *Le Monde* du 1er janvier 2009 : « Près de 400 Palestiniens tués » ; « Colère et lassitude dans le camp de Shoufat, près de Jérusalem » ; « La frustration des Gazaouis de Ramallah, pendus au téléphone ou les yeux rivés sur Al-Jazira ».

[13] Voir notamment dans *Le Figaro* du 2 janvier 2009 : « La difficile médiation de Sarkozy au Proche-Orient » ; « Sarkozy cherche les chemins de la paix » ; « Le chef de l'État compte user du levier de l'Union pour la Méditerranée » ; « Paris et Ankara prennent le relais d'une Ligue arabe profondément divisée » ; « Que peut Sarkozy au Proche-Orient ? ».

[14] Voir notamment dans *Le Figaro* du 5 janvier 2009 : « Tsahal joue son va-tout face au Hamas » ; « Le conflit entre dans son dixième jour » ; « L'opinion israélienne continue de soutenir son armée » ; « Nicolas Sarkozy s'engage sur une voie étroite » ; « George W. Bush soutient l'opération israélienne, Barack Obama délibère » ; « L'Égypte se prépare au pire » ; « Des milliers de manifestants à travers le monde » ; « Leila Shalid : il faut une force internationale ».

analyse des effets de la guerre[15]. Le pic du 22 janvier 2009 du journal *Le Monde* correspond de son côté à un condensé de réactions d'experts[16] et de personnalités à l'issue des hostilités, ainsi que trois articles repris en l'état de l'Agence France-Presse (AFP). Ces derniers faussent le décompte au vu de leur très petite taille – rarement plus d'une dizaine de lignes. Finalement, les ultimes pics des 10 et 11 février 2009 de *La Libre Belgique* tiennent à la diffusion des résultats des élections législatives israéliennes. Certes, les autres journaux traitent également de cette information, mais les articles qui s'y réfèrent n'ont pas été recensés dans la mesure où ils ne faisaient aucune référence à l'opération israélienne ni à la guerre à Gaza.

Le dernier point qu'il importe de soulever dans cette analyse de l'intensité a trait à la répartition objective de l'information entre la part allouée aux dépêches d'agences de presse, celle dévolue aux articles des journalistes appartenant à la rédaction du quotidien et, enfin, la place concédée aux intervenants extérieurs (experts, écrivains, philosophes, hommes politiques, ONG, etc.) qui se sont exprimés sur le sujet.

Analyse des articles d'agences de presse

La place occupée par les dépêches d'agences de presse dans les quotidiens analysés établit d'emblée une différence marquante entre les quotidiens belges, qui recourent à quatre d'entre elles (AFP, AP, Reuters, Belga)[17], et les quotidiens français qui n'en mobilisent que deux (AFP et Reuters). Outre cette distinction, un fait particulièrement notable est la proportion considérable de dépêches d'agences dans l'ensemble des journaux échantillonnés par rapport aux articles rédactionnels. Leur nombre varie toutefois fortement entre les quotidiens belges et les journaux français, la couverture de l'événement par la plume des journalistes passant du simple, pour les premiers, au double, pour les seconds. Cette différenciation reflète, d'une part, la réalité du terrain des opérations où le nombre d'envoyés spéciaux mobilisés dans la région moyen-orientale apparaît fortement variable[18] ; d'autre part, la publication *in extenso* de dépêches d'agences de presse

---

[15] Voir notamment dans *La Libre Belgique* du 16 janvier 2009 : « Intensification de la guerre à Gaza. Avant un cessez-le-feu ? » ; « Le début de la fin ? » ; « Pas encore l'heure de dialoguer avec le Hamas » ; « Gaza. Quels responsables ? ».

[16] Réactions de Juan Goytisolo (écrivain espagnol), Frédéric Encel (directeur de recherches à l'Institut de géopolitique et à Science Po) et Pierre Jourde (romancier, critique littéraire et professeur à l'Université de Grenoble-III).

[17] AFP, AP et Belga pour *Le Soir* ; AFP, AP, Belga ainsi que Reuters pour *La Libre Belgique*.

[18] *Le Figaro* compte quatorze envoyés spéciaux et correspondants dans la région, contre sept pour *Le Monde*, cinq pour *La Libre Belgique* et quatre pour *Le Soir*.

peut également résulter d'un manque d'effectifs journalistiques[19] à la disposition des quotidiens et *de facto* de moyens financiers. Force est de constater que les journaux belges recourent plus souvent à la publication de dépêches, multipliant les petits articles et ajoutant quantitativement du poids aux informations traitées. *La Libre Belgique* apparaît comme le quotidien qui utilise le plus abondement ce procédé dans son suivi de la guerre à Gaza, avec 33 % des articles répertoriés sous forme de dépêches contre un peu plus de 22 % pour *Le Soir*, moins de 14 % pour *Le Figaro* et à peine 4 % pour *Le Monde*.

La prise en compte d'une autre variable s'est avéré éclairante pour affiner l'analyse : la place dévolue aux intervenants externes[20] – exception faite du courrier des lecteurs – dans chacun des quotidiens. Même si cette part n'excède pas 10 % du décompte total des articles[21], ce constat illustre et conforte les hypothèses précitées postulant l'existence d'une plus importante culture du débat en France, avec une proportion d'interventions externes près de deux fois plus grande dans les quotidiens français qu'au sein des journaux belges et, de fait, une plus grande notoriété pour ces experts.

Figure 6 – Proportion des dépêches d'agences de presse par rapport aux autres articles

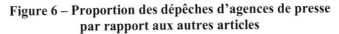

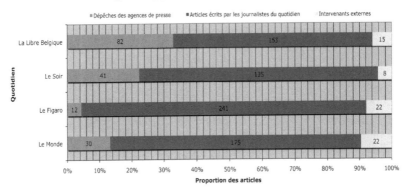

---

19 S'agissant du nombre de journalistes différents ayant traité de cet événement dans les colonnes des quatre quotidiens analysés, on en recense trente et un pour *Le Figaro*, vingt-huit pour *Le Monde*, dix-sept pour *La Libre Belgique* et seulement douze pour *Le Soir*.

20 Voir notamment « Dispositifs de construction du référentiel journalistique : le recours à la parole de l'expert dans la presse quotidienne », in Metzger, J.-P. (dir.), *Médiation et représentation des savoirs*, Paris, L'Harmattan, coll. « Communication et civilisation », 2004, p. 197-207.

21 Près de 10 % pour *Le Monde*, 8 % pour *Le Figaro*, 6 % pour *La Libre Belgique* et un peu plus de 4 % pour *Le Soir*.

Analyser la fréquence de l'information

Au regard de la méthode Morin-Chartier, il convient à présent de prendre en considération l'étude de la fréquence de l'information. Mais comment définir et mesurer cette variable ? Pour Chartier, la fréquence représente « le pourcentage de présence d'une catégorie d'unités par rapport à la totalité d'une couverture de presse »[22]. Pratiquement, son calcul[23] équivaut à la somme des unités d'information pour un sujet, divisée par la somme totale des unités d'information de tous les sujets, le tout multiplié par cent.

L'intérêt de recourir à l'analyse de la fréquence dans ce type d'étude réside dans la possibilité de mettre en exergue l'importance que les médias échantillonnés accordent à chacun des sujets se rapportant à l'événement – « Gaza », « Autorité palestinienne », « communauté internationale », « Hamas », « Israël », « diplomatie », « guerre », « répercussion du conflit » et « élections législatives israéliennes ». Cette lecture permet également de quantifier la place dévolue à chaque sujet.

Méthodologiquement, comment interpréter le traitement de ces neuf sujets par les quotidiens de l'échantillon ? Il s'agit de procéder à une hiérarchisation des sujets principalement traités, comme l'illustre le Tableau 1. Ce dernier permet d'identifier, pour chaque journal, les sujets les plus souvent mis en évidence et ceux les moins traités. Afin de comparer adéquatement et de façon transversale les classements ainsi opérés, la méthode consiste alors à procéder pour chaque quotidien à une sélection des sujets qui englobent la majorité de l'information.

L'analyse des occurrences a nécessité le recours à une double lecture : d'une part, une analyse horizontale axée sur la manière dont chaque journal traite l'information et, d'autre part, une analyse verticale mettant l'accent sur l'étude des sujets.

---

[22] Chartier, L., *op. cit*, p. 107.

[23] Formule adaptée par rapport à l'explication de Christian Leray, in Leray, C., *op. cit.*, p. 126-127.

Analyse horizontale de l'information

Tableau 1 – Classement des journaux par importance des sujets

	Le Figaro	%	Le Monde	%	Le Soir	%	La Libre Belgique	%
1	Communauté internationale	29	Répercussion du conflit	22	Guerre	18	Répercussion du conflit	26
2	Diplomatie	24	Guerre	18	Répercussion du conflit	16	Communauté internationale	18
3	Répercussion du conflit	13	Communauté internationale	17	Communauté internationale	16	Guerre	17
4	Israël	11	Diplomatie	15	Gaza	14	Diplomatie	16
5	Gaza	7	Israël	12	Israël	13	Israël	8
6	Hamas	6	Gaza	7	Diplomatie	12	Élections législatives israéliennes	6
7	Guerre	5	Élections législatives israéliennes	5	Élections législatives israéliennes	5	Gaza	6
8	Élections législatives israéliennes	3	Autorité palestinienne	2	Hamas	5	Hamas	3
9	Autorité palestinienne	2	Hamas	2	Autorité palestinienne	1	Autorité palestinienne	0

L'interprétation du Tableau 1 révèle tout d'abord la faible occurrence du sujet « guerre » dans *Le Figaro*, là où les trois autres quotidiens lui accordent un poids non négligeable au regard des autres sujets. En effet, *Le Figaro* privilégie une lecture du conflit à travers l'analyse, le point de vue et l'influence diplomatique des acteurs – tant locaux, régionaux qu'internationaux – qui y sont parties prenantes. Le deuxième élément significatif dans le Tableau 1 concerne le sujet « diplomatie », dans la mesure où l'on observe une prédominance du traitement de l'information pour ce vecteur dans les quotidiens français. L'activisme dont a fait montre la France – et son Président – durant les différentes périodes du conflit ne demeure à nouveau pas étranger à cette tendance. L'événement recèle également un enjeu interne, véhiculé par l'opinion publique nationale et le regard qu'elle porte sur la politique extérieure. L'ampleur de cet enjeu se manifeste concrètement à travers la succession de mobilisations populaires qui ont ponctué l'ensemble des étapes du conflit. Par ailleurs, le traitement de l'information relative aux élections législatives israéliennes affiche, en toute logique, une importance plus faible, s'agissant d'un élément conjoncturel. Quant à l'« Autorité palestinienne », peu représentée parmi les sujets traités, elle l'est toutefois dans une mesure similaire à sa situation politique dans le conflit, dont elle demeure relativement absente, voire complètement isolée. En tant qu'acteur central, « Israël » occupe logiquement une position linéaire pour l'ensemble des journaux étudiés. Désignant à l'origine le territoire du conflit, le sujet « Gaza » apparaît de son côté personnifié par les quotidiens comme l'un des acteurs principaux du conflit, au même titre qu'Israël, et subit dès lors un traitement semblable dans les journaux analysés. Il convient enfin de noter que seul *Le Figaro* accorde une importance relative au sujet « Hamas ». Ce constat ne paraît guère étonnant dans la mesure où il confère globalement une place fondamentale aux « acteurs » du conflit.

Les quatre graphiques suivants permettent de comparer la manière dont certains sujets sont privilégiés au sein de chacun des quotidiens étudiés. Pour ce faire, deux méthodes ont été envisagées, donnant des résultats relativement différents : la première comprend la majorité de l'information comme une majorité simple (50 % + 1) tandis que la deuxième se base sur la médiane[24].

Figure 7 – Fréquence du quotidien *Le Figaro*[25]

Médiane du quotidien *Le Figaro* : 8 %

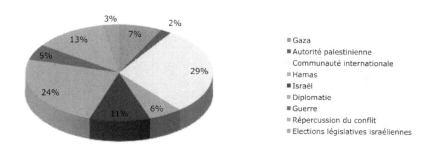

---

[24] Cette mesure statistique est un point de référence à l'intersection de deux groupes de même importance.

[25] Dans *Le Figaro*, deux sujets comptabilisent à eux seuls plus de 50 % des occurrences : « communauté internationale » (29 %) et « diplomatie » (24 %).

Figure 8 – Fréquence du quotidien *Le Monde* [26]

Médiane du quotidien *Le Monde* : 12 %

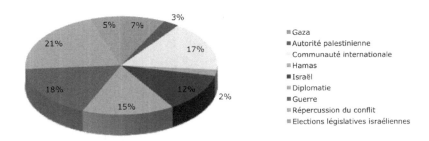

Figure 9 – Fréquence du quotidien *Le Soir* [27]

Médiane du quotidien *Le Soir* : 12 %

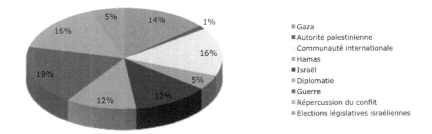

---

[26] Pour *Le Monde*, les sujets « répercussion du conflit » (22 %), « guerre » (18 %) et « communauté internationale » (17 %) totalisent à eux trois la majorité des occurrences.

[27] Concernant *Le Soir*, quatre sujets sont nécessaires pour dépasser les 50 % : « guerre » (18 %), « répercussion du conflit » (16 %), « communauté internationale » (16 %) et « Gaza » (14 %).

Figure 10 – Fréquence du quotidien *La Libre Belgique*[28]

Médiane du quotidien *La Libre Belgique* : 8 %

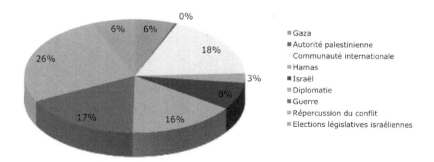

Au final, seul le sujet « communauté internationale » apparaît avec importance de façon transversale dans chacun des quotidiens traités.

Pour nuancer et affiner cette première lecture globale, l'option méthodologique favorisée consiste à réaliser une analyse de second ordre basée sur le recours à la valeur médiane (8 % pour *Le Figaro* et *La Libre Belgique*, 12 % pour *Le Monde* et *Le Soir*), afin de montrer la proximité des différents sujets traités au sein d'un journal. Les médianes des quotidiens *Le Soir* et *Le Monde* reflètent un traitement global de l'information, tandis que celles du *Figaro* et de *La Libre Belgique* révèlent un traitement davantage ciblé sur une partie de l'information.

---

[28] S'agissant, enfin, de *La Libre Belgique*, trois sujets permettent d'atteindre la majorité, soit « répercussion du conflit » (27 %), « communauté internationale » (18 %) et « guerre » (16 %).

Analyse verticale de l'information

Figure 11 – Nombre d'occurrences par quotidien et par sujet, pendant la guerre

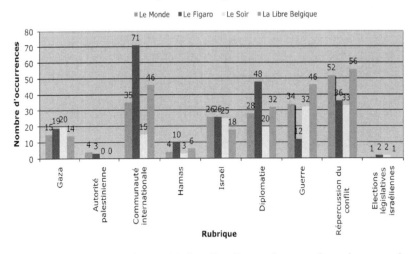

La lecture de la Figure 11 focalise l'attention sur le traitement de « Gaza » qui est, de manière générale et avec la « diplomatie », le sujet proportionnellement le plus suivi par les journaux dans la période de sortie de crise. L'accent peut être mis sur le quotidien *Le Soir* qui, à cette même période, accorde beaucoup d'importance à la situation générale à Gaza, au travers des négociations qui entourent le sujet, des victimes et des dégâts et, surtout, de la réouverture du territoire, à nouveau accessible à la presse.

Figure 12 – Nombre d'occurrences pour le sujet « Gaza », par période et par quotidien

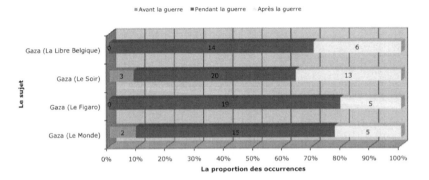

Les quotidiens belges et français semblent traiter le sujet « Autorité palestinienne » de manière différenciée. Là où les seconds l'abordent sur les trois périodes, les premiers ne l'évoquent qu'en sortie de crise. Les quotidiens français semblent suivre la controverse relative au mandat du président de l'Autorité palestinienne, finalement prolongé au-delà du 9 janvier 2009. De plus, ils s'interrogent davantage sur le rôle de l'Autorité palestinienne dans la crise et les positions défendues par Mahmoud Abbas tout au long de la guerre à Gaza.

Figure 13 – Nombre d'occurrences pour le sujet « Autorité palestinienne », par quotidien et par période

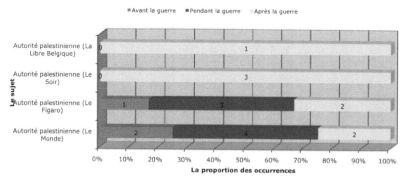

Pour ce qui est de la « communauté internationale », *Le Soir* traite de ce sujet à hauteur de 60 % des occurrences relevées en sortie de conflit. En comparaison avec les autres journaux, le traitement médiatique relatif à ce sujet est entre deux et trois fois plus élevé dans ce quotidien. L'inaction, l'absence et le silence de la communauté internationale, assimilée aux Nations unies ou personnifiée par certaines grandes puissances, font dans le journal *Le Soir* figures de leitmotivs.

Le sujet « Hamas » est à nouveau traité de façon prépondérante par *Le Soir* en sortie de crise. De manière globale, ce quotidien se concentre sur les acteurs, plus particulièrement à l'issue du conflit. *A contrario*, ce même sujet disparaît des colonnes du journal *Le Monde* dans l'après-guerre. Ce constat peut paraître paradoxal face à la réalité des faits dans la mesure où, en sortie de crise, la place du Hamas en tant qu'interlocuteur a été longuement débattue et relayée par les autres quotidiens. Il apparaît toutefois relativement logique au vu des considérations émises préalablement : *Le Monde* centre l'essentiel de son information sur l'actualité internationale au sens large, laissant l'analyse particulière des acteurs au *Figaro*.

Figure 14 – Nombre d'occurrences pour le sujet « communauté internationale », par quotidien et par période

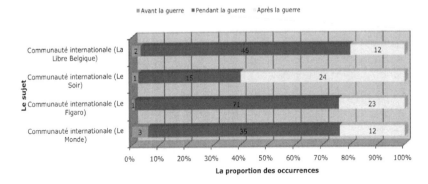

Figure 15 – Nombre d'occurrences sur le sujet « Hamas », par quotidien et par période

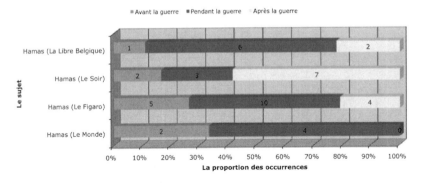

Les occurrences relatives au sujet « Israël » confortent la tendance précédemment relevée d'une focalisation du journal *Le Soir* sur les acteurs en sortie de crise. Le nombre peu élevé d'occurrences du sujet « Hamas » comptabilisées dans ce journal corrobore l'idée selon laquelle le conflit n'apparaît dans les colonnes du *Soir* qu'à partir du déclenchement de l'opération « Plomb durci » et y est également moins traité sous l'angle de ses acteurs. Parallèlement, *La Libre Belgique* réalise un suivi relativement développé du sujet « répercussion du conflit », tant pendant qu'à l'issue la guerre. *A contrario* dans trois autres journaux, la hiérarchie des sujets traités varie à chaque période.

Figure 16 – Nombre d'occurrences sur le sujet « Israël », par quotidien et par période

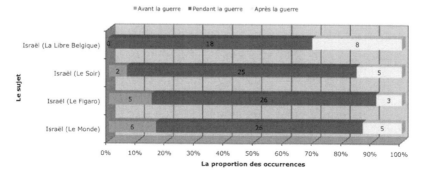

Figure 17 – Nombre d'occurrences sur le sujet « répercussion du conflit », par quotidien et par période

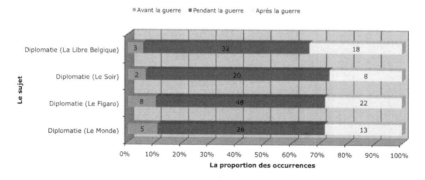

Figure 18 – Nombre d'occurrences sur le sujet « diplomatie », par quotidien et par période

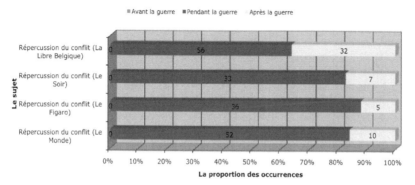

Le traitement des sujets « diplomatie », « guerre » et « élections législatives israéliennes » se révèle très peu différencié pour les quatre quotidiens traités. Ce constat répond à la logique de suivi médiatique classique d'un événement international.

Figure 19 – Nombre d'occurrences sur le sujet « guerre »,
par quotidien et par période

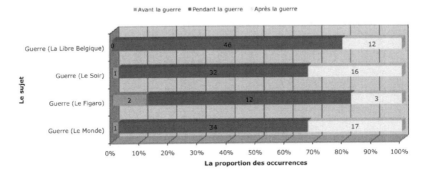

Figure 20 – Nombre d'occurrences sur le sujet « élections
législatives israéliennes », par quotidien et par période

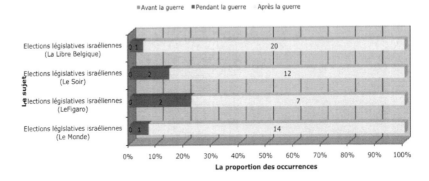

Analyser la partialité de l'information

Selon la méthode Morin-Chartier, à l'étude de l'intensité et de la fréquence de l'information succède celle de sa partialité. Si l'indice de partialité « n'a pas pour objectif de remettre en question l'impartialité de la presse »[29], il permet de quantifier le nombre d'unités d'information orientées au regard de toutes les unités répertoriées et met en avant la neutralité du corpus étudié. « Un taux de partialité de 30 % signifie que

---

[29] Leray, C., *op. cit.*, p. 128.

70 % du contenu est neutre, ce qui est une indication très pertinente lorsqu'on la compare à la moyenne »[30] de l'étude réalisée par le laboratoire d'analyse de presse de l'UQAM, révélant un taux moyen de partialité de 40 %, sur les trente dernières années.

Selon Leray, la finalité et l'intérêt de calculer l'indice de partialité résident dans sa capacité à « mesurer la passion avec laquelle les médias ont traité d'un sujet. Le volume élevé d'unités orientées témoigne d'un vif débat, d'une passion ou, tout au moins, de l'intérêt des médias à propos d'un sujet donné »[31]. Concrètement, le calcul de la partialité équivaut à l'addition de la somme des unités d'information positives et de la somme des unités d'information négatives d'un sujet, divisée par la somme de toutes les unités d'information de l'ensemble des sujets, le tout multiplié par cent.

Figure 21 – Partialité comparée

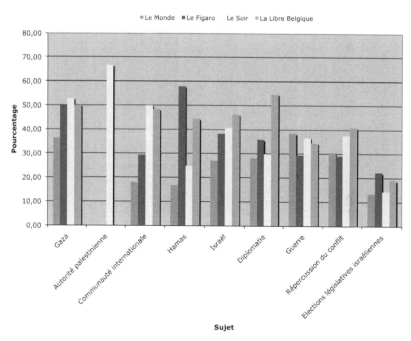

D'un point de vue général, *Le Monde* adopte une attitude neutre dans son traitement de l'information sur la guerre à Gaza. En effet, aucun des sujets traités ne dépasse la marge de référence des 40 % définie par

---

[30] *Idem.*
[31] *Ibidem*, p. 129.

l'étude Morin-Chartier. Au même titre que celle du quotidien *Le Soir*, la position du journal *Le Monde* apparaît néanmoins passionnée dans le cas précis du sujet « guerre » (voir *infra*). Le cas du journal *Le Figaro* est également éloquent, particulièrement en ce qui concerne les sujets « Gaza » et « Hamas » qui atteignent pour le premier, voire dépassent pour le second, le taux de 50 % de partialité. Le journal *Le Soir* se distingue, pour sa part, encore davantage en matière de partialité, dans la mesure où trois sujets franchissent la barre des 40 % de référence, à savoir « Gaza », la « communauté internationale » et « Israël ». Quant à *La Libre Belgique*, elle affiche proportionnellement les plus hauts taux de partialité. Six sujets se retrouvent au-dessus du seuil de 40 %. Seuls les sujets « élections législatives israéliennes » et, plus étonnamment en comparaison avec les trois autres quotidiens, « guerre » demeurent en deçà de cette proportion. Il reste à noter que la faible occurrence du sujet « Autorité palestinienne » justifie l'absence d'analyse, dès lors rendue peu fiable.

Figure 22 – Partialité moyenne

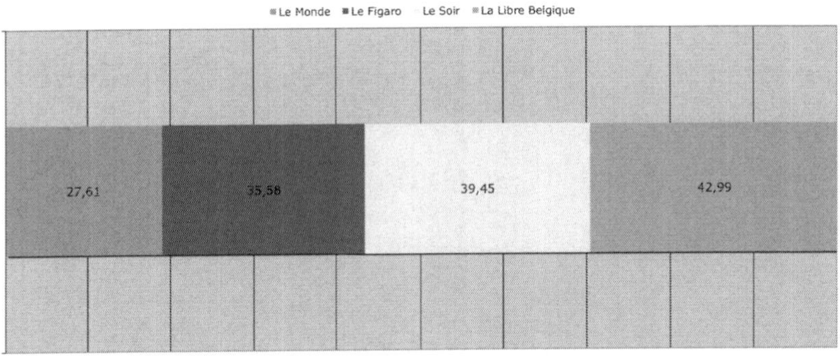

L'interprétation de la Figure 22, relative à la partialité moyenne, conforte l'analyse comparée venant d'être effectuée. En effet, si le quotidien *Le Monde* demeure impartial dans près de 72 % des cas, ce taux d'impartialité ne s'élève plus qu'à 57 % dans le cas de *La Libre Belgique*. Cette dernière affiche dès lors une position globalement plus passionnée – au sens où l'entend Morin-Chartier –, et ce, quel que soit le sujet traité.

Analyser l'orientation de l'information

Comme l'indique Leray, « la mesure de l'orientation permet de qualifier le contenu et de fournir une évaluation chiffrée de toute la couverture et de ses composantes »[32]. Le calcul de cette orientation correspond au résultat des opérations suivantes : la soustraction entre les unités positives et les unités négatives d'un sujet aboutit à une différence qu'il faut ensuite diviser par la somme totale des unités d'information de tous les sujets, avant de multiplier le tout par cent. Leray précise que ce calcul est appliqué à chaque sujet et que l'analyse « permet également de mesurer l'indice de favorabilité »[33] des sujets. La valeur de cet indice varie entre moins 100 % et plus 100 %, en considérant qu'« une orientation de 0 % indique que le traitement médiatique est neutre »[34]. Les indicateurs « plus » et « moins » permettent de « préciser qu'un sujet est favorable »[35] ou défavorable.

Au préalable, trois précautions méthodologiques doivent être formulées concernant l'analyse de l'orientation. Premièrement, si l'orientation colore la partialité, elle ne rend en aucun cas compte de l'impartialité du quotidien, dans la mesure où seules les occurrences orientées (tant positives que négatives) sont comptabilisées. En effet, la finalité de l'orientation consiste à mettre en évidence uniquement les occurrences partiales. Deuxièmement, toute analyse comparée de l'orientation des différents sujets d'un même journal est exclue en raison du nombre disparate d'occurrences qu'ils comprennent : pour *Le Monde*, par exemple, le sujet « Israël » ne compte qu'une occurrence positive et neuf négatives, là où « répercussion de conflit » en compte trois positives et seize négatives. Troisièmement, l'orientation permet de caractériser l'analyse de la partialité, c'est-à-dire de préciser si elle s'avère négative, positive ou nulle. En d'autres termes, prenant l'exemple de *La Libre Belgique* et de son traitement du sujet « diplomatie », ce dernier apparaît visiblement passionné avec plus de 50 % de partialité, alors que l'orientation est proche de la nullité avec un taux de moins 2 % (justifié par quatorze occurrences positives contre seize négatives). Ainsi, une forte partialité n'entraîne pas *de facto* une forte orientation, la passion pouvant être importante mais nullement orientée. Il n'y a donc pas nécessairement corrélation entre partialité et orientation.

---

[32] Leray, C., *op. cit.*, p. 130.

[33] *Ibidem*, p. 131.

[34] *Idem.*

[35] *Idem.*

Figure 23 – Orientation comparée

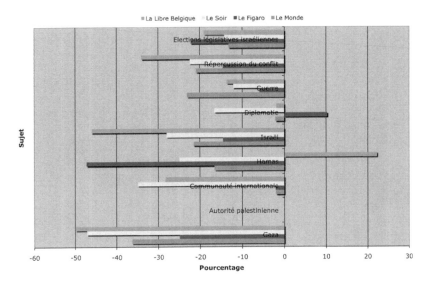

Complémentaire à l'analyse de la partialité, celle de l'orientation permet de définir le sens de celle-ci pour chaque quotidien. Globalement, le conflit est traité de manière négative par l'ensemble des journaux de l'échantillon. Cette lecture « réaliste » répond en toute logique à la représentation négative que le sens commun associe traditionnellement à toute guerre ou tout conflit. Deux exceptions, correspondant à un traitement positif, doivent être mises en exergue : elles concernent, d'une part, le sujet « diplomatie » pour *Le Figaro* et, de l'autre, le sujet « Hamas » pour *La Libre Belgique*. Dans le premier cas, le traitement médiatique favorable du quotidien *Le Figaro* trouve à nouveau explication dans un suivi acéré des démarches de la diplomatie française – proche d'une *storytelling* autour de Sarkozy[36] – dans le processus de résolution du conflit. Dans le second cas, celui de *La Libre Belgique*, le traitement médiatique positif du sujet « Hamas » semble paradoxal. Bien que cet acteur soit perçu négativement par l'ensemble de la « communauté internationale » – dans la mesure où il figure sur la liste d'exclusion des organisations terroristes du Département d'État américain ou sur celle des personnes, groupes et entités impliqués dans des actes de terrorisme définie par la position commune du Conseil euro-

---

[36] Voir notamment Soulier, E., *Le storytelling : concepts, outils et applications*, Paris, Hermès Science Publications, 2005 ; Salmon, C., *Storytelling, la machine à fabriquer des histoires et à formater les esprits*, Paris, La Découverte, coll. « La Découverte/Poche », 2008.

péen du 27 décembre 2001 –, les tractations du Hamas, son action diplomatique et sa reconnaissance comme interlocuteur légitime traduisent
une lecture particulière de ce sujet par *La Libre Belgique*. Ce journal
considère en effet comme positive toute initiative du Hamas favorable à
la trêve. En d'autres termes, la perception du Hamas étant par nature
globalement négative, toute (ré)action de cet acteur en faveur d'une
ouverture semble survalorisée positivement par le quotidien belge. Alors
que *Le Figaro* met l'accent sur son étiquette « terroriste », *La Libre
Belgique* fait le choix de considérer le Hamas comme un acteur potentiel
des négociations.

Concernant l'analyse de l'orientation négative des autres sujets, le
traitement de « Gaza » n'est pas significatif. Ce sujet représente la zone
de guerre et, *de facto*, il ne peut être perçu comme positif au regard du
contexte global de l'événement, vu comme une agression et non comme
une libération ou une aide à l'indépendance d'un peuple (victimes,
destruction, etc.). La neutralité du sujet « Autorité palestinienne » est,
quant à elle, biaisée par l'insuffisance d'occurrences (au maximum huit,
pour *Le Monde*). Pour le sujet « communauté internationale », les
quotidiens français affichent une attitude nuancée, mettant moins
l'accent sur son silence que sur son action, aussi limitée soit-elle.

CHAPITRE III

La chronologie de l'événement : analyse comparée

Le traitement médiatique passé au crible

Dans le prolongement de l'analyse par sujet, il convient à présent de prendre en considération les dossiers (sous-sujets), suivant la méthode Morin-Chartier. Pour chacun des neuf sujets identifiés, un certain nombre de dossiers récurrents ont été mis en exergue : ils marquent l'importance que le quotidien accorde à certains pans de l'information. Les dossiers visent ainsi à affiner l'analyse de l'information recueillie et, de surcroît, permettent de conforter ou d'infirmer les tendances dégagées par les sujets. Systématiser le découpage des sujets en dossiers offre l'avantage de faire apparaître une information qui aurait été lissée, généralisée, voire tronquée, par une seule lecture réductrice des sujets.

Le Tableau 2 détaille la répartition des dossiers et met en évidence la grande variabilité de leur nombre, à la fois par rapport à l'ensemble des sujets que de l'un à l'autre. S'agissant de rationaliser au maximum les dossiers, en respectant la logique propre à la méthode Morin-Chartier qui invite à ne pas multiplier cette catégorie, il apparaît que les sujets les plus abordés sont aussi les plus diversifiés. En d'autres termes, un sujet abondamment traité ne l'est pas systématiquement sous le même angle. Inversement, un sujet peu référencé dans les unités d'information comme l'« Autorité palestinienne » dégage malgré tout trois dossiers, ce qui se révèle proportionnellement élevé et témoigne de l'éclectisme caractérisant son traitement. Par ailleurs, au regard d'une lecture transversale du tableau, la récurrence de dossiers similaires associés à des sujets différents n'induit aucun biais dans le découpage de l'information, dans la mesure où la méthode accorde la primauté à la lecture par sujet. Partant, si le dossier relatif par exemple à la « stratégie militaire » apparaît dans plusieurs sujets (« Hamas », « Gaza », « Israël » et « guerre »), cette distinction trouve sa pertinence dans le fait que les stratégies relevées sont radicalement différentes.

Tableau 2 – Dossiers par sujet

	Autorité Palestinienne	Hamas	Gaza	Israël	Communauté internationale	Guerre	Diplomatie	Répercussion de conflit	Élections législatives israéliennes
1	Aide financière	Élections législatives	Prospective	État des lieux	Acteur international	Objectif	Conséquence (tension diplomatique)	Opinion publique internationale, manifestation, mobilisation	État des lieux
2	Perte de légitimité	Mouvement de contestation (djihadiste, islamiste)	Stratégie et opération militaire (combats urbains, tirs de roquettes, tunnels)	Autorité politique	Acteur régional	Temporalité	Stratégies diplomatiques (médiation, négociation)	Émotion (colère, frustration, désespoir)	
3	Plébiscite	Stratégie « militaire » (tirs de roquettes)	Guérilla	Stratégie, opération militaire et sécurité, renversement du Hamas, riposte, Tsahal, tirs de roquettes)	Intervention et position de la communauté internationale (silence, appel au calme, contrôle de la paix, politique américaine au Moyen-Orient)	Critiques et sanctions (crimes de guerre, enquête)	Protagonistes	Problèmes périphériques (tension communautaire, religion, antisémitisme, négationnisme)	
4			Sanction (blocus)	Bavure militaire	Aspect humanitaire (aide à la reconstruction)	Concept de guerre	Solution diplomatique (paix, relation Israël/Hamas, trêve, cessez-le-feu)	Conséquences politiques (consensus, dialogue, divergence, critique de l'opposition)	
5						Actes de violence	Échec diplomatique (absence, silence, blocage, impuissance)	Presse	

					Stratégie militaire et sécurité (armement israélien, victimes, victoire)		Internet	
6								
7		État des lieux					Récupération	

Réaliser une chronologie de l'information

Afin d'illustrer au mieux le traitement médiatique quotidien de l'échantillon, une analyse chronologique de l'information a été envisagée. Méthodologiquement, sa réalisation a tout d'abord nécessité la mise en place d'un système de récolte et de traitement de l'information. D'une part, cette analyse porte spécifiquement sur les « Une » et les titres. Intraitables en l'état vu leur nombre[1], les unités d'information demeurent toutefois utilisables pour illustrer l'analyse. Ce souci de rationalisation et la nécessité de réduire l'ampleur des données à traiter ont induit, d'autre part, l'établissement d'une périodisation pour procéder à la chronologie de l'événement : afin de dégager leurs priorités éditoriales, il s'est agi de confronter les « Une » et les titres de chaque quotidien une fois tous les dix jours. Le point de départ de l'analyse chronologique fut établi au 19 décembre 2008. *Le Monde* posant à nouveau un souci de comparaison en raison de sa parution différenciée, les dates sélectionnées pour réaliser la chronologie au sein de ce journal ont également été décalées d'un jour[2].

Vendredi 19 et samedi 20 décembre 2008

La première comparaison met en exergue un élément intéressant : seul *Le Figaro* titre en « Une » une information portant sur la paix au Proche-Orient[3]. Précédemment évoqué, un facteur de nature politique – l'interaction, voire les liens de connivence, que les médias de référence entretiennent avec d'autres centres de pouvoir importants[4], tels que le

---

[1]   Au total, nous avons recensé 1 150 unités d'information pour *Le Monde*, 918 pour *La Libre Belgique*, 767 pour *Le Figaro* et 653 pour *Le Soir*.

[2]   À titre d'exemples, le vendredi 19 décembre deviendra, pour le journal *Le Monde*, le samedi 20 décembre, le 29 décembre deviendra le 30 décembre, et ainsi de suite.

[3]   « Benyamin Netanyahu révèle au Figaro ses idées pour la paix au Proche-Orient », *Le Figaro*, 19 décembre 2008.

[4]   Kauffmann, S., « Politique, médias : les maux français et l'affaire Woerth-Bettencourt », *Le Monde*, 12 juillet 2010.

gouvernement, le monde économique ou universitaire[5] – peut expliquer ce traitement spécifique et le suivi constant de l'action et des efforts diplomatiques de la France – axé principalement sur les actes du président de la République – durant la période précédant le conflit. En effet, toute référence du quotidien français aux démarches de Benjamin Netanyahu en faveur de la paix s'accompagne d'une couverture indirecte – et ainsi légitimement justifiée – de l'avancement des tractations menées par Sarkozy au Moyen-Orient. Ainsi, le jeudi 18 décembre 2008, *Le Figaro* titrait en « Une » : « Le plan de paix français à Jérusalem ». En lien avec cette première hypothèse, quoique davantage propre aux contraintes inhérentes au champ journalistique, une deuxième explication trouve ses fondements dans la « guerre médiatique » que se livrent quotidiennement les médias d'information : tirant son épingle du jeu, le journal français serait ainsi parvenu à décrocher une interview exclusive de Netanyahu lors sa visite à l'Élysée. Une troisième explication tiendrait, enfin, à la ligne éditoriale du quotidien mobilisée à travers la récurrente référence au concept de paix. Comme le démontre dans la présente étude l'analyse de la fréquence, *Le Figaro* fait régulièrement (24 %) référence au sujet « diplomatie » et aux dossiers qui lui sont associés, tels que la thématique de la « paix ».

Lundi 29 et mardi 30 décembre 2008

Cette deuxième comparaison permet, quant à elle, d'analyser la réaction des journaux étudiés face au déclenchement des hostilités. Une distinction apparaît d'emblée entre les quotidiens belges et français. Si chacun d'eux – hormis *Le Monde*[6] – fait référence dans ses colonnes aux opérations militaires israéliennes, les journaux belges associent l'action israélienne à une attaque de la bande de Gaza, là où *Le Monde* et *Le Figaro* désignent immédiatement comme coupable l'adversaire d'Israël, le Hamas[7]. Le conflit est donc différemment présenté aux lecteurs : les journaux belges relatent les faits, l'actualité « brute », la guerre, tandis que leurs homologues français pointent d'emblée les causes de l'offensive, attribuées *de facto* au Hamas et à l'impossibilité israélienne de trouver une solution face à un groupe qualifié de « terroriste ».

---

[5] Chomsky, N., « De quoi les médias dominants tirent-ils leur domination ? », in Durand, P. (dir.), *Médias et censure. Figures de l'orthodoxie*, Liège, Les Éditions de l'Université de Liège, coll. « Sociopolis », 2004, p. 59.

[6] « Que peut vraiment Israël face aux islamistes du Hamas ? », *Le Monde*, 30 décembre 2008.

[7] Cette tendance se confirme dans le cas du journal *Le Soir* qui, en termes de fréquence, confère une place importante au sujet « Gaza » (15 %). Voir à ce titre l'analyse qualitative des fréquences.

La comparaison fait également poindre une opposition entre les deux journaux français. Si *Le Figaro* « justifie et explique »[8] l'intervention israélienne, la considérant comme un fait légitimement accompli, *Le Monde* demeure plus circonspect, s'interrogeant en « Une » sur les raisons et les perspectives de ces opérations militaires[9]. En ce qui concerne les quotidiens belges, *Le Soir* affiche une position relativement descriptive et tente de rester neutre[10], en se limitant à rendre compte de l'évolution militaire israélienne. *La Libre Belgique* établit de son côté un premier relevé des victimes, dès l'entame du conflit[11]. Elle livre en outre une lecture particulière du conflit, dans la mesure où elle parle d'offensive israélienne « contre Gaza », là où les quotidiens français évoquent une offensive « contre le Hamas ». *La Libre Belgique* a tendance, à cette date, à amalgamer le terrain des opérations à la cible de l'offensive : or, la bande de Gaza ne peut être assimilée au Hamas. Assigner à l'action d'Israël une « cible » de nature territoriale et réifiée, pour le premier, ou lui adjuger explicitement un « ennemi », pour le second, induit un cadrage dual d'une même information initiale, susceptible d'influer de façon radicalement différente sur l'opinion que le lecteur se construit de l'événement.

Jeudi 8 et vendredi 9 janvier 2009

La troisième période soumise à l'analyse comparative des « Une » met en perspective les priorités informationnelles des journaux au cours du conflit. Elle mérite à ce titre une évaluation approfondie de la « façon » dont les quotidiens relatent les événements.

Constat prééminent, le choix éditorial établi par *Le Monde* diffère significativement, pour cette troisième période, des trois autres quotidiens. Ce journal fournit dans ses colonnes une large rétrospective du conflit israélo-palestinien[12], fixant ainsi le cadre dans lequel ce dernier se déroule, tandis que les autres quotidiens mettent l'accent sur les efforts, les « percées » et les avancées diplomatiques dans le cadre de la gestion du conflit. En dépit de cette lecture apparemment commune de l'actualité, aucun de ces trois journaux n'aborde la « diplomatie » de manière identique. Dans *Le Soir*, par exemple, l'idée d'une avancée de la diplomatie est concomitante à celle de l'espoir de paix. Dans ce cadre,

---

[8] « L'offensive israélienne pour en finir avec le Hamas », *Le Figaro*, 29 décembre 2008.

[9] « Que peut vraiment Israël face aux islamistes du Hamas ? », *Le Monde*, 30 décembre 2008.

[10] « Les chars israéliens aux portes de Gaza », *Le Soir*, 29 décembre 2008.

[11] « L'offensive israélienne contre Gaza à déjà fait 300 morts », *La Libre Belgique*, 29 décembre 2008.

[12] « Dossier spécial Gaza : 60 ans de guerre et de tensions », *Le Monde*, 9 janvier 2009.

les risques d'échec et les incertitudes quant à la réussite d'un quelconque plan d'action poussent les journalistes à rédiger leur « Une » sous forme de questionnement[13]. *Le Figaro* limite quant à lui la portée de cette incertitude en insistant sur la volonté « grandissante » des parties à chercher une solution au conflit, et ce, suite à l'intervention du président français[14]. *La Libre Belgique*, de son côté, parle d'une « percée diplomatique » et insiste sur la trêve humanitaire obtenue par la communauté internationale[15].

Partant, l'analyse prend véritablement toute sa pertinence dans la comparaison du traitement médiatique des acteurs censés mettre en œuvre ces initiatives diplomatiques. *Le Figaro* est le seul quotidien à souligner l'action française, qu'il considère à l'origine des discussions entre l'Égypte et Israël. Si *Le Soir* et *Le Monde* relatent et analysent les propos de Barack Obama[16], pendant que *La Libre Belgique* évoque le plan égyptien[17] (et non franco-égyptien, comme le fait *Le Figaro*[18]) et les avancées diplomatiques « à petits pas », *Le Figaro* associe toute avancée à l'intervention d'acteurs internationaux, et plus spécifiquement à l'activisme de Sarkozy en la matière. Fait notable, l'article de *La Libre Belgique* provient directement d'une agence de presse mentionnant l'existence d'un plan strictement « égyptien » qui ne fait dès lors intervenir dans la résolution du conflit qu'un acteur local : l'Égypte. Dans le même ordre d'idées, et comme le démontre l'analyse de la fréquence, *Le Figaro* use régulièrement[19] du concept de communauté internationale assimilée à certains acteurs internationaux (France, Onu, notamment, dans le cadre du dossier « aide humanitaire ») et régionaux (comme l'Égypte et l'Iran)[20]. *Le Figaro* pose également l'idée d'un soutien « ambigu » de l'Iran envers le Hamas. Ainsi, le 8 janvier 2009, ce quotidien associe la France au plan de l'Égypte et l'Iran au soutien du Hamas.

---

[13] « Un plan d'espoir pour Gaza ? », *Le Soir*, 8 janvier 2009.

[14] « Après la tournée de Sarkozy – Israël et Égypte prêts à négocier un accord sur Gaza », *Le Figaro*, 8 janvier 2009.

[15] « Gaza : percée diplomatique et trêve humanitaire », *La Libre Belgique*, 8 janvier 2009.

[16] « Obama promet de s'engager immédiatement », *Le Soir*, 8 janvier 2009 ; « Pour Obama, le "silence" n'est pas une absence de préoccupations », *Le Monde*, 9 janvier 2009.

[17] « Le plan égyptien », *La Libre Belgique* (AFP), 8 janvier 2009.

[18] À titre d'exemple, « Le Hamas rejette le plan franco-égyptien », *Le Figaro*, 9 janvier 2009.

[19] La fréquence du sujet « communauté internationale » pour *Le Figaro* est de 29 %.

[20] « Le soutien ambigu de l'Iran au Hamas », *Le Figaro*, 8 janvier 2009.

Concernant *La Libre Belgique*, force est de constater, comme le confirme l'analyse de la fréquence[21], la place prédominante du sujet « répercussion du conflit » – plus particulièrement des manifestations – dans le suivi du conflit, alors qu'aucun autre quotidien n'y fait alors allusion. *Le Soir* se distingue de *La Libre Belgique* en publiant, un jour plus tôt, le soutien et l'intervention belges dans le rapatriement d'enfants palestiniens blessés.

Dimanche 18 janvier 2009

Le premier élément notable de l'analyse comparative succincte pour cette date est l'absence de « Une » consacrée à la guerre à Gaza dans *La Libre Belgique*, alors que tous les autres quotidiens analysés y recourent pour annoncer le cessez-le-feu. Une autre distinction réside dans la contenu affiché en « Une » des trois autres journaux : chacun traite de diplomatie, mais en des termes dissemblables. *Le Figaro* et *Le Monde*, par exemple, associent logiquement le sujet de « diplomatie » au dossier « cessez-le-feu ». Toutefois, si le premier postule l'avènement d'un cessez-le-feu israélien caractérisé par son unilatéralisme[22], le second oriente son propos sur les conditionnalités[23] liées à son application. Pour le lecteur, cette différence est fondamentale : le traitement rédactionnel d'une même information donne ainsi à lire, dans les colonnes du *Figaro*, qu'Israël parviendrait à imposer un cessez-le-feu (principe acquis), là où *Le Monde* présente sa mise en œuvre comme une velléité israélienne dont la concrétisation est assortie de conditions (modalités d'application). Bien que construit sur un mode affirmatif, le titre du journal *Le Monde* induit au final une moindre probabilité d'aboutissement pour le cessez-le-feu que celui du *Figaro* rédigé en mode interrogatif.

A contrario, le quotidien *Le Soir* ne consacre pas sa « Une » à l'imposition d'un cessez-le-feu – qu'il soit ou non de nature unilatérale –, mais fait état de la situation générale à Gaza. De façon récurrente, le journal belge pose le problème indirectement, sous forme de question, en se demandant dans ce cas « qui va oser sortir »[24] du conflit. L'analyse des articles du *Soir* pour cette édition confirme en effet une tendance à

---

[21] Le sujet « répercussion du conflit » occupe 26 % dans *La Libre Belgique*. Cette proportion se confirme : sur huit articles (neuf, si l'on avait intégré le micro-article « phrase du jour » peu significatif), un quart (deux articles) traitent des répercussions et, à travers elles, des manifestations en Belgique liées à l'événement.

[22] « Vers un cessez-le-feu unilatéral d'Israël à Gaza ? », *Le Figaro*, 17-18 janvier 2009.

[23] « Gaza : Israël veut imposer un cessez-le-feu à ses conditions », *Le Monde*, 18-19 janvier 2009.

[24] « Qui va oser sortir de Gaza ? », *Le Soir*, 17-18 janvier 2009.

titrer sous forme de questionnement[25] essentiellement sur les perspectives à Gaza et à éluder la question d'un cessez-le-feu. Cette information paraîtra en réalité à la « Une » du quotidien le lendemain (lundi 19 janvier 2009) sous le titre suivant : « Cessez-le-feu fragile à Gaza, Israël et le Hamas s'engagent ». L'article qui y est associé relate la mise en œuvre d'un cessez-le-feu, découlant d'une volonté commune – de chacune des parties – et non d'un choix unilatéral israélien et du Hamas, comme présenté dans *Le Figaro*.

La comparaison des titres dévoile que *La Libre Belgique* rejoint, à première vue, l'idée du quotidien *Le Figaro*. En soulignant le caractère unilatéral de la trêve[26], elle confirme *ipso facto* l'idée d'une domination de l'État israélien et sa capacité à déterminer seul l'issue du conflit, en se souciant peu du Hamas. Le choix du journal de formuler ces propos sous forme d'un questionnement associé à une photographie de Khaled Mechaal, chef du bureau politique du Hamas en réunion arabe au Qatar, tend à illustrer un alignement éditorial entre ces deux quotidiens.

Un dernier élément doit être relevé pour cette date. Si l'on se réfère au graphique relatif à la partialité[27], les journaux belges y apparaissent comme les moins « neutres », insistant sur le caractère sensationnel, voire émotionnel, de l'information transmise au lecteur. En ce sens, il revient à *La Libre Belgique* de parler d'« enfer »[28] et au journal *Le Soir* d'indiquer l'envoi de faire-part de décès à des enfants[29]. Cette lecture interpelle d'autant plus que ces articles, provenant d'agences de presse, ont été insérés en l'état.

Mercredi 28 et jeudi 29 janvier 2009

L'absence totale de « Une » traitant de l'événement à ces dates est le premier fait notable de la comparaison entre quotidiens pour ces dates. Un peu plus de dix jours après le cessez-le-feu, le suivi des journaux se fait moins constant. Alors que *La Libre Belgique* publie neuf articles les 17 et 18 janvier 2009, ce nombre décline une décade plus tard à deux occurrences. *Le Soir* et *Le Monde* ne publient, quant à eux, qu'un article sur l'événement. Seul *Le Figaro* en propose trois. Cette tendance à la baisse dans le suivi de l'après-guerre renforce les observa-

---

[25] « Qui osera sortir de Gaza ? », *Le Soir*, 17-18 janvier 2009 et « Pour longtemps à Gaza ? », *Le Soir* (AFP), 17-18 janvier 2009.

[26] « Trêve unilatérale d'Israël ? », *La Libre Belgique*, 17-18 janvier 2009.

[27] Se référer au graphique portant sur la partialité des quotidiens (voir chapitre 2, *supra*).

[28] « Un certain "calme" après l'enfer de jeudi », *La Libre Belgique* (AFP), 17-18 janvier 2009.

[29] « Des faire-part de décès à des enfants dans le Haaretz », *Le Soir* (AFP), 17-18 janvier 2009.

tions émises dans l'analyse de l'intensité (voir *supra*) : dans l'actualité internationale, d'autres événements partagent la « vedette » avec la guerre à Gaza. Quoi de moins étonnant, dans une logique médiatique et commerciale, dans la mesure où cet événement tapisse depuis près d'un mois les « Une » des quotidiens et où l'actualité internationale est irrémédiablement mouvante. Les États-Unis d'Obama[30] et le nouveau patriarche orthodoxe de Russie[31] occupent le haut du pavé dans *Le Monde*.

Par ailleurs, certaines contradictions apparaissent au regard d'une comparaison analytique des thématiques traitées dans les journaux belges. Bien que ceux-ci abordent chacun des dossiers se rapportant aux États-Unis, ils le font sous différents sujets. L'intervention américaine est perçue par *La Libre Belgique* comme un acte diplomatique – la médiation dans une optique de résolution des « différends »[32] –, tandis que *Le Soir* recourt à l'analyse de la politique étrangère[33] américaine, ce qui confère au sujet une approche extrinsèque et plus globale. L'information est donc présentée d'un côté comme un acte de diplomatie, outil de la politique étrangère (médiation), alors qu'elle est interprétée de l'autre côté comme le signe d'une modification de la stratégie américaine au Moyen-Orient. Dans ses discours, Obama prône le renouveau et une forme d'ouverture en matière de politique étrangère au Moyen-Orient. Elle se traduit dans les faits – en particulier dans le contexte de la guerre à Gaza – par une présence moindre que de coutume des États-Unis dans le processus de résolution du conflit, par un soutien à Israël moins indéfectible, par ce que d'aucuns qualifient d'attentisme, voire de battue en retraite. Ces positions s'inscrivent en réalité, pour le président américain, dans une stratégie visant à redorer le blason des États-Unis sur la scène internationale et, partant, à recouvrer une forme d'hégémonie au sens gramscien du terme, c'est-à-dire au sens d'un ordre qui repose sur une domination non ressentie comme telle par ceux qui en subissent les effets. Ceci afin de se démarquer de la présidence George Walker Bush, où l'hégémonie se voyait davantage définie au sens commun de simple relation impériale ou de domination politique exercée par l'État américain. Si l'on compare cette analyse au traitement de l'information réalisé par *Le Figaro*, l'intervention des États-Unis est cette fois soulevée par le biais du sujet des « élections législatives israéliennes », en insistant sur l'importante influence du président

---

[30] « États-Unis : M. Obama courtise les républicains », *Le Monde*, 29 janvier 2009.

[31] « Kirill, nouveau patriarche orthodoxe de Russie, partisan du dialogue œcuménique », *Le Monde*, 29 janvier 2009.

[32] « Obama tend la main de l'amitié », *La Libre Belgique*, 28 janvier 2009.

[33] « Vers un recentrage américain », *Le Soir*, 28 janvier 2009.

américain[34]. Alors que Obama cherche à redorer le blason des États-Unis après la politique de Bush et préfère tabler dans ses discours sur un soutien moins indéfectible qu'avant à Israël, un journal proche du pouvoir politique français – et donc d'un Sarkozy ambitieux au Moyen-Orient – a tout intérêt à rappeler l'influence du président américain dans la région et, partant, la proximité entre les États-Unis et Israël. Il s'agit ainsi de participer à la déconstruction des discours prometteurs d'Obama prônant une « nouvelle » politique étrangère au Moyen-Orient. L'accent n'est pas mis sur le « recentrage » ou la médiation, mais sur l'interaction des acteurs sur la scène internationale.

Un ultime élément de comparaison intéressant à souligner est la manière dont les deux quotidiens français traitent une même information. Ainsi, lorsque *Le Figaro* publie un article portant sur le cessez-le-feu[35] et les premières dérogations à ce dernier, *Le Monde* parle ouvertement dans ses colonnes de nouveaux bombardements israéliens[36], insistant dès lors sur la partie au conflit (Israël) qui vient d'y déroger.

Samedi 7 et dimanche 8 février 2009

Bien que l'on ne recense plus aucune mention de l'événement en « Une » dans cette dernière période définie pour l'analyse chronologique, chaque quotidien poursuit son traitement de l'évolution du conflit et du suivi de ses acteurs. Premier point commun aux journaux étudiés, tous abordent le dossier « aide humanitaire », mais une nouvelle fois au travers de lucarnes relativement différentes. Lorsque *La Libre Belgique* constate la suspension de l'aide humanitaire[37], *Le Monde* tente d'en élucider la cause[38]. *Le Soir*, non seulement postule le motif de l'arrêt temporaire de l'aide à Gaza mais, en outre, met l'accent sur la responsabilité des acteurs et de cette suspension[39]. De son côté, *Le Figaro* anticipe l'information et en vient directement aux conclusions[40]. Cette différence de temporalité peut trouver justification dans le fait que seul *Le Figaro* ne recourt pas à une dépêche d'agence de presse, disposant

---

[34] « Les partis israéliens se disputent les faveurs d'Obama », *Le Figaro*, 28 janvier 2009.

[35] « Première violation du cessez-le-feu à Gaza », *Le Figaro*, 28 janvier 2009.

[36] « L'armée israélienne bombarde la frontière entre Gaza et l'Égypte », *Le Monde* (AFP, Reuters), 29 janvier 2009.

[37] « L'Unrwa cesse d'importer l'aide humanitaire », *La Libre Belgique* (AFP), 7-8 février 2009.

[38] « L'Onu suspend son aide après un détournement », *Le Monde* (AFP), 8-9 février 2009.

[39] « Gaza : "vol" du Hamas, l'UNRWA suspend son aide », *Le Soir* (AFP), 7-8 février 2009.

[40] « Le Hamas va restituer l'aide humanitaire », *Le Figaro*, 7-8 février 2009.

certainement d'un nombre supérieur d'envoyés spéciaux sur le terrain pour recouper l'information.

Cette comparaison illustre adéquatement les conséquences d'un traitement différencié d'une même information : chaque quotidien interprète une dépêche identique selon sa propre ligne éditoriale. Tout lecteur se contentant de parcourir un seul de ces journaux se construira une vision de l'événement susceptible de varier très fortement selon le quotidien préalablement lu.

Enfin, hormis *Le Soir* qui ne publie qu'un article relatif à la communauté internationale et l'aide humanitaire qu'elle pourvoie, les autres quotidiens traitent tous des élections législatives israéliennes. Mais, alors que *La Libre Belgique*[41] et *Le Figaro*[42] insistent sur la « percée » de la droite israélienne, *Le Monde* analyse ces élections au regard du conflit et considère qu'elles ont été « obscurcies » par les enjeux sécuritaires, qui ont indubitablement influencé les résultats et facilité le virage à droite de la politique israélienne[43].

---

[41] « Dans le Sud, Lieberman a la cote », *La Libre Belgique*, 7-8 février 2009.

[42] « Surenchère à droite avant l'élection israélienne », *Le Figaro*, 7-8 février 2009.

[43] « Israël : l'économie une nouvelle fois éclipsée par les questions de sécurité dans la campagne électorale », *Le Monde*, 8-9 février 2009.

Synthèse de l'analyse quantitative

Quel portrait peut-on *in fine* dresser du traitement médiatique de la guerre à Gaza par les quatre quotidiens analysés ? Ou, à tout le moins, quelles tendances peuvent être dégagées de cette première lecture médiatique ? Ces questions, posées en guise de préambule à l'introduction de la première partie de l'ouvrage, tiennent leur réponse dans la confrontation et la mise en perspective des résultats statistiques obtenus suite à l'application de la méthode Morin-Chartier aux journaux échantillonnés.

Dès l'entame de l'analyse, il est premièrement constaté un traitement de l'événement quantitativement plus important en France que dans les quotidiens belges, avec une différence de près de 13 %. C'est *Le Figaro* qui assure globalement le plus large suivi du conflit, pratiquant notamment une forme de *storytelling* dès l'entame de la guerre. Au-delà des choix éditoriaux, la visibilité et la reconnaissance internationales des journaux français – *Le Monde* étant reconnu comme l'un des dix quotidiens de référence au niveau mondial – ainsi que l'attrait qu'ils représentent pour les experts dont les avis sont plus aisément mobilisables participent de l'enrichissement de leur traitement de l'événement, par conséquent plus complet et plus affiné.

L'approfondissement de l'analyse force le trait de la comparaison. De façon générale, les journaux français affichent déjà un suivi proportionnellement plus important avant le déclenchement des hostilités, les tractations et l'intervention du président français dans les négociations n'y étant pas étrangères. La réalisation d'une lecture chronologique – globale et par période – de l'événement a mis au jour une tendance du journal *Le Figaro* au suivisme. L'attention permanente qu'il accorde à l'action de Sarkozy est d'autant plus prégnante durant le conflit. Ce constat incite dès lors au questionnement quant à l'objectivité et à la neutralité des organes de presse, et induit par conséquent la réflexion sur les rapports entre le pouvoir politique et le champ médiatique, que d'aucuns n'hésitent pas à qualifier de « quatrième pouvoir » ou de « cinquième colonne »[1].

Avant de poursuivre la confrontation générale des résultats obtenus, il est utile de préciser que *La Libre Belgique* reste le quotidien à avoir le plus suivi la répercussion du conflit dans l'après-guerre, allant jusqu'à lier les événements avec l'impact de la guerre sur les élections israéliennes.

---

[1] Woodrow, A., *Les médias. Quatrième pouvoir ou cinquième colonne ?*, Paris, Éditions du Félin, 1996.

Comme précédemment démontré, l'existence d'une disparité qualitative (plus d'experts, d'avis, etc.), dans les rubriques « Débats », entre les quotidiens français et leurs équivalents belges résultent notamment d'une différence de moyens (financiers, techniques, etc.) dont l'impact est manifeste en cas de traitement d'un événement international. Ce constat et sa justification émergent d'une comparaison entre le nombre d'articles relatifs à la guerre à Gaza repris d'agences de presse et de ceux produits par des journalistes ou envoyés spéciaux : non seulement les journaux belges recourent plus fréquemment aux dépêches d'agences, mais un moins grand nombre de journalistes produisent des articles sur le sujet. Cette variation implique nécessairement un traitement différencié de l'information, qui se veut généralement brute et neutre, mais aussi moins détaillée, voire incomplète ou erronée, dans les articles d'agences de presse. Ce second élément tend à conforter l'idée susmentionnée d'une capacité matérielle moindre dans le chef des quotidiens belges à traiter d'un conflit international par rapport à ceux de l'Hexagone.

La confrontation des fréquences a par ailleurs constitué un élément clef dans l'analyse médiatique du conflit, confirmant une tendance dégagée de façon récurrente[2] : le différentiel entre la position du journal *Le Figaro* et les trois autres quotidiens. Ne mentionnant que très rarement le concept de « guerre », le quotidien français aborde le conflit à Gaza sous une approche très internationaliste, focalisant l'attention sur la communauté internationale et les tractations diplomatiques – dont particulièrement l'activisme de Sarkozy. En outre, une corrélation répondant à une certaine logique apparaît clairement entre l'ampleur du suivi de l'événement et de sa répercussion opérée par un quotidien et la forte présence sur le sol national de communautés – juives et arabes, elles-mêmes parties au conflit. Ce suivi se manifeste tant à travers la rubrique « International » que « National », voire « Europe ». L'étude approfondie des résultats obtenus pour les fréquences met globalement en exergue la faible mention de l'« Autorité palestinienne » durant le conflit. Généralement citée dans le cadre d'une information de nature prospective relative à la reconstruction d'après-guerre, cette dernière a souvent été éludée – tant dans le conflit que dans la presse.

Si l'analyse de la partialité dans le traitement de l'information révèle qu'aucun des quotidiens ne dépasse la barre des 40 % telle que fixée par Morin-Chartier, ce constat se voit nuancé lors de l'étude des sujets séparément, comme l'illustre notamment un traitement davantage pas-

---

[2] La mesure de l'orientation de chaque sujet, point final à l'étude du traitement de l'information sur la base de l'analyse Morin-Chartier, confirmera également la tendance du *Figaro* à soutenir plus que tout autre quotidien l'intervention diplomatique de la communauté internationale, et principalement française.

sionné dans *La Libre Belgique*. Ainsi, bien que la tendance générale tende vers le respect du principe de neutralité, un déséquilibre de la pondération apparaît lorsque l'on s'attèle à l'étude de sujets spécifiques.

Eu égard à ces différents enseignements, l'analyse Morin-Chartier a de façon générale permis de mettre au jour un traitement médiatique différencié au départ de la lecture par les journaux échantillonnés d'un seul et même événement international, la guerre à Gaza. Si certaines variables telles que la ligne éditoriale, les moyens financiers ou encore l'obédience politique influencent incontestablement le rapport à l'information, il n'en reste pas moins vrai qu'aucun des quotidiens n'a abordé l'événement de manière identique.

Nombreuses, les conclusions qui ressortent d'une première lecture médiatique quantitative peuvent à présent être affinées, au moyen d'une analyse des concepts auxquels les journaux échantillonnés ont eu maintes fois recours.

DEUXIÈME PARTIE

ANALYSE POLITOLOGIQUE
DU DISCOURS MÉDIATIQUE :
LES CONCEPTS MOBILISÉS DANS LES MÉDIAS

Introduction

Face au traitement d'un événement international complexe tel que la guerre à Gaza, l'inexpérience, le manque de *background*, voire l'ignorance[1], des journalistes amenés à diffuser l'information demeure un sujet sensible et longuement débattu. De nombreux ouvrages proposent de multiples analyses du rôle des médias dans le suivi d'un conflit. Comme le souligne Geneviève Moll, « les jeunes que nous envoyons sur les conflits travaillent de la même manière que lorsqu'ils sont sur un crime ou sur un accident d'avion »[2]. Cette journaliste et chroniqueuse française relève, en d'autres termes, que la gestion médiatique d'un conflit nécessite de solides formation et expérience professionnelles, indispensables pour faire preuve du discernement qu'il convient afin de juger du degré d'importance de l'information reçue.

Serge Halimi et Dominique Vidal abondent dans ce sens lorsqu'ils s'interrogent sur l'origine de l'erreur et de la tromperie généralisée : « pourquoi se trompe-t-on et pourquoi trompe-t-on ? »[3]. Ces auteurs émettent deux justifications essentielles, dont au premier chef l'ignorance. « Si les journalistes se laissent duper, affirment-ils, c'est souvent qu'ils ne connaissent guère la situation qu'ils couvrent. Le terrain, ils le découvrent »[4]. Dans *Le Monde*, par exemple, un journaliste a omis de mentionner – par négligence ou méconnaissance – les accords de paix entre Israël et la Jordanie de 1994 : « Les Européens ont choisi de débuter leur tournée au Proche-Orient par l'Égypte. Ils veulent soutenir son président Hosni Moubarak, dont le pays est le seul à avoir signé un traité de paix avec Israël »[5]. Il faudra attendre l'édition des 11 et 12 janvier 2009 pour qu'un correctif soit apporté par le journal : « Contrairement à ce que nous avons écrit dans l'article consacré à la tournée de Sarkozy au Proche-Orient (*Le Monde* du 6 janvier), l'Égypte n'est pas le seul pays de la Ligue arabe à avoir conclu un traité de paix avec Israël. La Jordanie a également normalisé ses relations avec l'État juif

---

[1] Voir pour cette question Moll, G., in Ralite, J., *Le traitement par les médias français du conflit israélo-palestinien*, Paris, L'Harmattan, coll. « Le scribe cosmopolite », 2007, p. 23 ; Halimi, S. et Vidal, D., *op. cit.*

[2] Moll, G., *op. cit.*, p. 23.

[3] Halimi, S. et Vidal, D., *op. cit.*, p. 11.

[4] *Idem.*

[5] « Difficile mission européenne pour tenter de parvenir à un cessez-le-feu », *Le Monde*, 6 janvier 2009.

en 1994 »[6]. En suivant ce que Halimi et Vidal avancent, il est toutefois malaisé d'établir s'il s'agit d'un oubli, d'un manque de rigueur ou d'une réelle méconnaissance des faits couverts. La seconde justification de Halimi et Vidal est de l'ordre de l'émotion. Celle-ci tient essentiellement à la situation humanitaire engendrée, ou aggravée, par la guerre. Le « spectacle » macabre des corps mutilés, ensanglantés ou sans vie peut difficilement laisser le journaliste indifférent. Preuve en est le choc des images choisies par certains médias lors de la couverture du conflit ou le décompte continuel du nombre de victimes opéré tout au long de la crise.

Outre les justifications de ces auteurs, il importe de prendre en compte un autre élément d'analyse. Bien qu'elle constitue une mesure coutumière en cas de conflit armé, l'imposition de restrictions en termes d'accès à l'information, souvent excessives et sous prétexte de sécurité, fait l'objet d'un traitement particulier dans l'échantillon : le ressenti du journaliste face à l'inaccessibilité du terrain des opérations, contraint d'observer et de décrypter la zone de combat à distance est mentionné *in extenso* dans les colonnes des journaux étudiés. S'il peut paraître anodin dans l'absolu, ce « discours » méta-médiatique[7], réflexif et autocentré, est d'autant plus révélateur que l'ensemble des quotidiens analysés ont communément relevé une frustration liée aux difficultés d'accomplir la profession journalistique dans des conditions minimales décentes[8], même s'il convient de nuancer leurs approches. Seul *Le Figaro* ne prend pas directement position contre la mise à l'écart de la presse par Israël. *Le Monde* consacre deux articles à la controverse, en insistant particulièrement sur les sentiments frustrés de la presse. Les quotidiens belges mettent quant à eux d'abord l'accent sur le huis clos imposé par Israël, avec une parution d'un article du même ordre à un jour d'intervalle. À noter également que ces cinq articles relevés ont tous été rédigés durant la même période, soit entre les 4 et 10 janvier 2009.

Face au constat général dans l'échantillon de journaux analysés, d'une absence de recul face à l'événement, d'un manque de précision de l'information diffusée et de l'utilisation spécifique de certains concepts par les journalistes, il s'est avéré opportun de pointer cinq traitements

---

[6] Rubrique « rectificatifs et précisions », *Le Monde*, 11-12 janvier 2009.

[7] Spies, V., « De l'énonciation à la réflexivité : quand la télévision se prend pour objet », *Semen*, n° 26, 2008.

[8] « La presse étrangère ne peut toujours pas accéder à la bande de Gaza », *Le Monde*, 4-5 janvier 2009 ; « La presse tenue à distance, rumine sa frustration », *Le Monde*, 9 janvier 2009 ; « La stratégie médiatique risquée d'Israël à Gaza », *Le Figaro*, 10-11 janvier 2009 ; « Israël a imposé une guerre à huis clos comme jamais... », *La Libre Belgique*, 5 janvier 2009 ; « Images d'un conflit à huis clos », *Le Soir*, 6 janvier 2009.

médiatiques types. Ceci afin d'analyser en profondeur la mobilisation par ces quotidiens de certains concepts, tels que les notions de « guerre », de « communauté internationale », de « répercussion de conflit », de « diplomatie » et d'« État juif » – en tenant compte des conséquences que l'on pourrait leur attribuer.

CHAPITRE I

La « guerre », un état perpétuel ?

Partant du principe que l'information est essentiellement affaire de langage qui, loin d'être transparent, présente une opacité à travers laquelle se construisent visions et sens particuliers du monde, observer les usages médiatiques du concept de « guerre » se révèle digne d'intérêt et riche d'enseignements.

En focalisant l'attention, dans un premier temps, sur les unités d'information et titres pertinents relatifs à la guerre à Gaza, on peut extraire du corpus les illustrations suivantes[1] : « Dans un pays en état de guerre permanent »[2], « Guerre sans merci contre le Hamas »[3], « Guerre punitive infligée par Israël aux Palestiniens »[4], « Le retour des guerres justes »[5], « Une guerre sale mais juste »[6], « La démocratie, arme de guerre »[7], « La guerre à la proportionnelle ? »[8], « Chaque conflit en sommeil ou en ébullition, est par nature disproportionné »[9], « La guerre a déjà tué près de 800 Palestiniens »[10], « La guerre meurtrière déclenchée à Gaza »[11], « Guerre longue ou trêve à Gaza ? »[12], « Les autorités s'attendent à ce que cette guerre qui ne dit pas son nom traîne en lon-

---

[1] Cette liste ne peut être exhaustive, et ce, pour deux raisons : la première est que certaines phrases, certains substantifs, certains adjectifs, etc., récurrents n'ont pas tous été repris au risque de répéter et rendre illisibles les exemples mis en exergue. La deuxième raison est que certaines unités d'information font référence au sujet traité mais n'apportent rien à l'analyse. Cette remarque vaut également pour l'ensemble des concepts analysés tout au long de la deuxième partie de l'ouvrage.

[2] « L'armée israélienne sur trois fronts », *Le Soir*, 30 décembre 2008.

[3] *La Libre Belgique*, 30 décembre 2008.

[4] « La démocratie, arme de guerre », *Le Soir*, 13 janvier 2009.

[5] *La Libre Belgique*, 6 janvier 2009.

[6] *La Libre Belgique*, 7 janvier 2009.

[7] *Le Soir*, 13 janvier 2009.

[8] *Le Figaro*, 8 janvier 2009.

[9] « Une riposte excessive ? Pourquoi l'opinion mondiale a tort de juger les réactions israéliennes "disproportionnées" », *Le Monde*, 7 janvier 2009.

[10] *Le Monde*, 10 janvier 2009.

[11] « Le parlement européen hausse le ton face à Israël », *Le Soir*, 13 janvier 2009.

[12] *Le Monde*, 13 janvier 2009.

gueur »[13], « Guerre défensive »[14], « Une opération défensive, selon Prague »[15], « Qu'il s'agisse de guerres d'agression ou de guerres prétendument défensives ou préventives »[16]. À la lecture de ces titres se dégage une multitude de visions et d'éléments inhérents au concept de guerre, susceptible d'être décortiquée et analysée au regard de la polémologie et de la Science politique.

La guerre : une vision particulière du conflit

Il convient, avant toute analyse, de préciser que les journaux étudiés ne tiennent logiquement pas tous le même discours sur l'événement et qu'ils emploient de surcroît une sémiotique fortement différenciée. Partant, diverses formules sont usitées pour qualifier le caractère belliqueux du conflit telles que la « guerre à Gaza », la « guerre contre Gaza », la « guerre de Gaza », la « guerre contre le Hamas », le « conflit à Gaza », le « conflit de Gaza », le « conflit israélo-palestinien », etc. Si tous ces signifiants tendent *in fine* à désigner une même réalité, les nuances demeurent tangibles. Un important clivage sémantique mais aussi – et surtout – conceptuel distingue les notions de « guerre » et « conflit ». Premièrement, la guerre constitue un conflit armé selon la formule communément consacrée : si tout conflit ne s'accompagne pas automatiquement d'un recours à l'armement et n'aboutit pas systématiquement en affrontement direct, les combats armés sont par définition inhérents à la notion de guerre. Si toute guerre est par essence un conflit armé, tout conflit n'induit pas *de facto* la guerre. S'arrêter à ce constat pour distinguer les deux notions s'avérerait ténu, voire insuffisant. Il importe dès lors, deuxièmement, de les distinguer sous l'angle des critères qui leur sont adjoints en matière de stratégie (armée et répercussions). Ainsi, la guerre induit un affrontement entre forces armées, impliquant directement la population, là où le conflit se singularise par un caractère latent et englobant. Dans un tel contexte d'affrontement dont le risque de concrétisation maintient une pression constante chez les protagonistes – parties prenantes qui ne sont pas exclusivement des forces armées –, sans déboucher *de facto* sur une confrontation directe, le terme de « conflit » sera par contre généralement privilégié. Enfin, au regard de l'armement déployé et de ses possibles répercussions (dégâts collatéraux, villes détruites, nombre de morts élevé, etc.), la guerre sera plus lourde de sens et plus chargée en émotion que le conflit.

---

[13] « Un bain de sang inutile », *Le Monde*, 30 décembre 2008.

[14] « Ne laissons pas le conflit arriver jusqu'en France », *Le Monde*, 13 janvier 2009 ; « Rompons tout contact diplomatique avec Israël », *Le Soir*, 5 janvier 2009.

[15] *Le Figaro*, 5 janvier 2009.

[16] « Israël-Palestine : sentir la douleur de l'autre camp », *Le Monde*, 22 janvier 2009.

Sur la base de cette distinction, il reste à présent à analyser concrètement comment les quatre quotidiens étudiés ont traité ces notions de guerre[17] et de conflit. À cette fin, l'analyse de la fréquence des mots « guerre » et « conflit » dans les titres – négligeant volontairement le traitement et l'analyse d'unités d'information trop nombreuses –, dévoile que les journaux étudiés cumulent et alternent l'utilisation de ces termes, mais dans une proportion variable. Pour *Le Monde*, les titres font apparaître huit mentions de la notion de « conflit » contre trente-cinq du terme de « guerre ». En des proportions semblables, *Le Soir* et *La Libre Belgique* accentuent le recours au mot « guerre » avec respectivement vingt-huit et quarante-cinq occurrences, contre seulement cinq et quatre utilisations du mot « conflit ». *Le Figaro* a une tendance opposée aux trois autres quotidiens, avec vingt-et-une occurrences pour le « conflit » et huit références à la « guerre ».

Il est peu surprenant que *Le Figaro* mette l'accent sur le conflit au regard des résultats de l'analyse quantitative réalisée en amont : au travers des articles produits, il est permis de déduire que ce journal se positionne plus régulièrement que ces homologues en faveur d'Israël et développe une approche davantage holiste de l'événement international. Cette vision globalisante se démarque notamment par l'usage d'adjectifs qualificatifs et/ou de compléments d'information associés aux notions de guerre et de conflit. Toujours dans ce quotidien, le concept de « conflit » s'accompagne systématiquement de compléments (conflit « israélo-palestinien »[18], « au Proche-Orient »[19] ou « au Moyen-Orient »[20]) qui le caractérisent, voire le « contextualisent », dans une perspective résolument internationale. L'intérêt de ce constat réside dans son caractère évolutif et conjoncturel. En outre, si l'occurrence « conflit israélo-palestinien » dans ce quotidien s'étend du début de l'événement jusqu'au 8 janvier 2009, les références « conflit au Proche-Orient » ou

---

[17] Pour la présente analyse, il est convenu d'adopter l'expression « guerre à Gaza ». Le recours à la notion de « guerre », d'une part, trouve sens dans la mesure où ce conflit armé a lourdement affecté la population. D'autre part, la bande de Gaza désignant *ab initio* le terrain des opérations – et non la cible de l'offensive israélienne –, l'utilisation de la formule « à Gaza » s'avère la plus à-propos.

[18] Ce sont les titres des rubriques qui classent l'information sous une rubrique intitulée « conflit israélo-palestinien » dès le 29 décembre 2008, reproduite les 30 et 31 décembre 2009, et entre le 5 et 8 janvier 2009.

[19] Ce titre de rubrique, « conflit au Proche-Orient », prend lieu et place de la rubrique, « conflit israélo-palestinien ». Il y est fait référence les 9, 12, 13, 14, 19 et 20 janvier 2009.

[20] Cette référence n'est pas utilisée en titre de rubrique, mais comme titre d'articles en lien avec l'Iran : « Le dialogue américano-iranien, un impératif pour résoudre les conflits au Moyen-Orient », *Le Figaro*, 9 janvier 2009 et « L'Iran, clé de l'issue du conflit au Moyen-Orient », 10 janvier 2009.

« conflit au Moyen-Orient » apparaissent seulement le 9 janvier 2009 et supplantent définitivement la mention « conflit israélo-palestinien ». Cette lecture globale du conflit et la prise en compte du retour d'acteurs régionaux livrent une vision moins centrée sur les deux principaux protagonistes (Israël et le Hamas) et moins chargée émotionnellement : elle insiste sur la façon dont l'événement est récupéré sur les scènes internationale et régionale, évitant de se braquer sur les victimes ou les dégâts causés par la stratégie militaire israélienne.

Quant à la notion de « guerre », *Le Figaro* fait majoritairement référence, dans ses titres, à la mention « guerre à Gaza ». Après avoir lié l'occurrence « conflit » aux répercussions, les trois autres quotidiens parlent de « conflit à Gaza » et, dans une moindre mesure, de « conflit de Gaza ». L'ensemble des références se concentre autour de la notion de « guerre » avec des compléments tels que « à Gaza »[21], « de Gaza »[22], « entre Israël et le Hamas »[23] ou « contre le Hamas »[24]. Les autres trois quotidiens, contrairement au *Figaro*, utilisent la référence « contre Gaza »[25] pour qualifier l'offensive israélienne (trois fois pour *Le Monde* et une fois pour les quotidiens belges). Ce faisant, ces journaux induisent une lecture particulière de la guerre, donnant à percevoir l'offensive comme orientée contre Gaza et sa population, ainsi amalgamée au Hamas.

---

[21] *Le Soir* prend la référence « guerre à Gaza » en tant que sous-rubrique de la rubrique internationale à cinq reprises entre le 7 janvier et le 2 février 2009.

[22] *Le Monde* prend la référence « guerre de Gaza » en tant que sous-rubrique de la rubrique internationale à douze reprises entre le 6 et le 20 janvier 2009, avant de céder la place à la sous-rubrique « Israël-Palestine », inversant la logique du quotidien *Le Figaro* qui, au fil des jours, livre une approche de plus en plus globale du conflit, l'étendant à la région.

[23] « Dans les ruines de Gaza, après la guerre entre Israël et le Hamas », *Le Monde*, 22 janvier 2009.

[24] « La population d'Israël plébiscite la guerre contre le Hamas », *Le Monde*, 15 janvier 2009 ; « Israël soigne l'image produite par sa guerre contre le Hamas », *Le Soir*, 6 janvier 2009 ; « Guerre sans merci contre le Hamas », *La Libre Belgique*, 30 décembre 2008.

[25] « Une opération terrestre contre Gaza se précise », *Le Monde*, 2 janvier 2009 ; « Consensus des partis politiques israéliens sur l'offensive militaire contre Gaza », 4-5 janvier 2009 ; « Les négociations s'accélèrent en Égypte pour obtenir la fin de l'opération israélienne contre Gaza », *Le Monde*, 16 janvier 2009 ; sous-rubrique internationale, « Une opération militaire en gestation contre Gaza », *Le Soir*, 23 décembre 2008 ; « L'offensive israélienne contre Gaza a déjà fait 300 morts », *La Libre Belgique*, 29 décembre 2008.

L'état de la guerre

Afin de faire l'état de la guerre en ce début de XXIe siècle, il convient de se pencher sur les différentes approches théoriques du concept et d'en montrer l'évolution.

La fin de la guerre froide et la chute du mur de Berlin en 1989 ont mis fin à une période de bipolarité entre les États-Unis et l'Union des républiques socialistes soviétiques (URSS). Avec elle, l'approche de la guerre, des conflits, de la violence et de la stabilité a fait l'objet d'une « redéfinition ». Pour le courant réaliste et néoréaliste, la guerre froide et la vision internationale bipolaire qui lui est associée apportaient une certaine stabilité mondiale évitant l'expansion de conflits régionaux, notamment par la dissuasion nucléaire. Pour d'autres, comme les théoriciens de l'interdépendance, le changement de paradigme de la guerre n'apparaît pas à la fin de la guerre froide mais dès les années 1970, avec la multiplication des guerres régionales et « périphériques ». L'analyse de la causalité permet de constater que le seul changement de cadre international ne suffit pas à justifier une nouvelle approche de la guerre et des conflits[26].

Cependant, si d'aucuns débattent du point de changement, pour conforter une théorie ou pour éviter de remettre en cause leurs propres analyses passées, d'autres discutent de la vision prospective des Relations internationales et du rapport à la guerre, aux conflits et à leur résolution. Différentes thèses se confrontent mettant en exergue soit le manque certain de stabilité de l'après-guerre froide, dans la lignée des courants réaliste et néo-réaliste, soit son contraire, avec la pacification des conflits régionaux due à une structure internationale régie par des normes, des règlements et, particulièrement, le recours aux normes humanitaires, certains y voient même l'ère d'un gouvernement mondial. Pour les réalistes, la stabilité s'écroule, laissant place à l'anarchie et conduisant à une résurgence des États défendant leurs propres intérêts nationaux, tandis que l'unipolarité est réduite à une utopie, incapable de stabiliser le système international. Dans une vision pessimiste insistant sur l'inéluctable retour à la nature hobbesienne[27] des sociétés, le retour du désordre et du chaos effraie. À l'inverse, pour les néo-libéraux, les néo-institutionnalistes et les « wilsoniens », cette nouvelle conception du monde post-bipolaire rend les États-Unis incontournables, l'acteur responsable par excellence par qui la stabilité hégémonique unipolaire

---

[26] Voir notamment Bigo, D., « Nouveaux regards sur les conflits », in Smouts, M.-C. (dir.), *Les nouvelles Relations Internationales*, Paris, Les Presses de Sciences Po, 1999, p. 309-354.

[27] Hobbes, T., *Léviathan*, Paris, Gallimard, coll. « Folio », 2000.

est possible. Dans ce contexte, les opérations humanitaires deviennent la règle.

Mais le discours du désordre, à la médiatisation duquel les médias contribuent également, fait peur. La bipolarité avait le mérite de donner une lecture simple, voire simpliste, du monde. Aujourd'hui, le système international apparaît chaotique, dénué de repère. Dans ce contexte est alors proposée une nouvelle configuration « rassurante » du monde. D'abord, l'affrontement Est/Ouest fait place à un affrontement Nord/ Sud, opposant non plus le « monde libre » au communisme, mais la « rationalité » et la stabilité du Nord à l'irrationalité et l'instabilité du Sud. Ensuite, le terrorisme, pourtant déjà présent durant l'opposition Est/Ouest, est mis en exergue au travers de la contestation de la modernité qui serait propre au modèle occidental. Enfin, à cette opposition Nord/Sud s'ajoute la construction d'une peur de la Chine en tant que nouvel « ennemi » des États-Unis.

Établir un lien de causalité immédiate entre la structure du système international (bipolarité, unipolarité, multipolarité) et le changement du paradigme de la guerre constituerait un jugement abusif et restrictif : si la bipolarité n'a pas véritablement apporté une stabilité mondiale, la période post-guerre froide n'a guère conduit à un monde exclusivement désordonné et chaotique. Les causes de cette évolution paradigmatique sont multiples : la fin du stato-centrisme et du modèle des Relations internationales où les États, unitaires, indépendants et souverains, symbolisent des « boules de billard »[28], au profit d'un système transnational ou multi-centré (« toile d'araignée »[29]) marqué par l'immixtion de nouveaux acteurs inscrits dans une logique de réseaux, la recrudescence d'acteurs non-étatiques dans les conflits et les effets de la mondialisation réduisent *de facto* la référence territoriale et favorisent ainsi la mobilisation identitaire. Comme le souligne Didier Bigo, c'est le rapport à l'espace qui est transformé : « [on] se bat à proximité, contre l'autre, fût-il son voisin, et non contre l'étranger au-delà des frontières. Inversement, on s'allie à des proches distants de milliers de kilomètres contre ces voisins qui sont si autres et distants »[30].

Guerre moderne et territoires ennemis

Appelée guerre révolutionnaire ou guerre subversive, la guerre dite « moderne »[31] ne se définit plus comme un affrontement *stricto sensu* de

---

[28] Wolfers, A., « The Actors in International Politics », in Wolfers, A., *Discord and Collaboration*, Baltimore, John Hopkins University Press, 1962, p. 3-24.

[29] Burton, J., *World Society*, Cambridge, Cambridge University Press, 1972.

[30] Bigo, D., *op. cit.*, p. 341.

[31] Trinquier, R., *La guerre moderne*, Paris, Économica, 2008.

deux armées sur un champ de bataille. Plus pernicieuse, elle utilise d'autres armes que les seules conventionnelles : la politique, l'armée, les attentats ciblés, le terrorisme ou les assassinats politiques deviennent les nouvelles armes des États comme des groupes armés. Souvent intra-urbaine, la guerre moderne requiert l'usage d'armements sophistiqués permettant d'éviter de multiplier les dégâts collatéraux. Selon le rapport Goldstone[32], l'armée israélienne aurait utilisé durant la guerre à Gaza des armes de nouvelle génération telle que la DIME (*Dense Inert Metal Explosive*) et des obus au phosphore. L'objectif d'Israël était double : d'une part, respecter la stratégie du « zéro mort » dans les rangs des troupes nationales et, d'autre part, limiter au maximum les pertes colla-térales inhérentes aux combats menés dans des zones urbaines densé-ment peuplées – sachant que l'énergie de la DIME se dissipe très rapi-dement au-delà de quelques mètres. Les critiques fusèrent malgré tout. Non seulement en raison des réels dégâts que cause ce type d'armes dans son rayon d'action, mais également parce que la stratégie israé-lienne a favorisé une approche militaire « classique » usant de frappes aériennes et de bombardements ciblés, dans la lignée de Douhet, suivis de troupes au sol. Par ailleurs, les séquelles de la deuxième guerre du Liban avaient remis en question la stratégie militaire d'Israël. Mieux préparée en janvier 2009, l'armée israélienne s'est donc frayée un passage dans la bande de Gaza au moyen de bulldozers pour dessiner de nouvelles routes, évitant de ce fait toute embuscade préparée par un ennemi ayant l'avantage de la connaissance du terrain. Si la définition susmentionnée de la guerre moderne affirme que les troupes régulières n'interviennent pas en territoire ennemi, mais qu'il s'agit essentielle-ment de renverser le régime en infiltrant ou soutenant ses opposants, la guerre à Gaza fait à cet égard figure d'exception. L'analyse de la guerre moderne n'est en réalité pas figée ; surtout lorsqu'elle est appliquée hors des frontières de l'État.

Si la stratégie guerrière est différente, l'objectif évolue également : il n'est plus la conquête d'un État voisin, mais le renversement d'un régime et son remplacement[33], en recherchant l'adhésion de la popula-tion par l'effroi ou la manipulation. L'individu se trouve donc au cœur du conflit. La guerre à Gaza a d'ailleurs mis en évidence le facteur essentiel qu'est la « prise en otage » des habitants incapables d'échapper au champ de bataille désormais urbanisé (les frontières avec Israël et l'Égypte sont restées closes). Si l'aide à la population par la prévention,

---

[32] Human Rights Council, *Human Rights in Palestine and Other Occupied Arab Terri-tories, Report of the United Nations Fact Finding Mission on the Gaza Conflict*, 15 september 2009, [en ligne], http://www2.ohchr.org/english/bodies/hrcouncil/ specialsession/9/docs/UNFFMGC_Report.pdf, (consulté le 16 septembre 2009).

[33] Trinquier, R., *op. cit.*, p. 5.

le suivi psychologique et un service social est essentielle dans la guerre moderne, elle est rendue impossible dans le présent cas d'étude qui demeure une guerre « interétatique ». Elle constitue, en d'autres termes, une guerre moderne en « territoires ennemis »[34]. Le suivi de la population n'étant pas envisageable après le retrait des forces armées, le travail de soutien doit se faire lors de l'offensive, en informant constamment la population des déplacements de troupes, et en la sollicitant dans la poursuite de l'organisation clandestine. En ce sens, l'armée israélienne a utilisé tout au long de l'offensive des tracs rédigés en arabe et « largués » par avion au dessus de la zone de combat afin d'avertir des mouvements de troupes et demander à la population de dénoncer par téléphone les activistes du Hamas. Le nombre élevé (près de 1.400 Palestiniens) et croissant (en moins de vingt jours) de victimes lors de la guerre à Gaza montre l'importance du facteur « humain » et son influence sur la perception du conflit et sa répercussion internationale. En cas d'intervention en territoire étranger, l'une des stratégies associées à la guerre moderne revient à considérer les opposants comme des alliés dans la lutte. Lors de la guerre à Gaza, cette stratégie n'a également pas été mobilisée par Israël, et ce, pour plusieurs raisons. Premièrement, si la lecture proposée de la guerre moderne associe la victoire à l'éradication du Hamas, Israël n'avait en réalité aucun intérêt à anéantir l'organisation islamiste. Même si l'armée israélienne pressait le gouvernement dans ce sens, ce dernier s'y est refusé[35]. Deuxièmement, la destruction du Hamas aurait comporté le risque de voir s'élever une autre organisation, peut-être plus radicale, moins bien organisée et surtout moins ouverte encore au dialogue. Troisièmement, l'élimination du Hamas passerait nécessairement par la destruction de son bureau politique ; or, celui-ci est hors d'atteinte, dispersé dans nombre de pays voisins comme la Syrie, le Liban et la Jordanie, et a son principal siège à Damas.

La guerre moderne se caractérise également par la présence d'acteurs non étatiques tels que la guérilla, organisation clandestine armée. Celle-ci se manifeste en général à l'intérieur des frontières de l'État concerné. Le conflit israélo-palestinien a toutefois la particularité de concerner deux « États » imbriqués l'un dans l'autre : la bande de Gaza demeure géographiquement non contiguë au territoire de la Cisjordanie ; l'État palestinien est de plus « archipelisé », en ce sens qu'il compte une multitude de micro-territoires bien souvent sans continuité. Le paradoxe de ce conflit et de ces guerres successives réside dans sa nature : s'il met aux prises deux « acteurs étatiques », élément amenant à le considérer

---

[34] *Ibidem*, chap. 2.

[35] Voir notamment les propos de Meir Sheetrit, ministre israélien de l'Intérieur : « Nous n'avons pas éliminé le Hamas. Ce n'était pas notre but », *La Libre Belgique*, 20 janvier 2009.

comme une guerre conventionnelle classique, les moyens déployés (assassinats politiques de part et d'autre, attentats, actes de terrorisme, absence d'armée d'un côté, etc.) n'ont eux rien de conventionnel. Le véritable ennemi d'Israël, de par sa structure et son organisation, sort de la seule construction de l'État ; il disperse inévitablement le « conflit » par ses ramifications multiples, ses sources de financements, ses fournisseurs en armement, ses soutiens externes et son réseau d'alliances.

Enfin, le terrain des opérations diffère de celui des guerres conventionnelles. Tout se passe en rue où les civils peuvent être manipulés ou enrôlés dans l'organisation armée, complexifiant l'intervention d'une armée régulière. D'aucuns ont envisagé la possibilité de lutter contre la guérilla en usant des mêmes armes que cette dernière : le terrorisme contre le terrorisme, les attentats contre les attentats. Cette stratégie pose cependant uniquement la question de la riposte, non de la solution – rejoignant la définition du principe de proportionnalité traité ci-après.

Guerre et paix

Considérant « que la guerre n'est pas simplement un acte politique, mais véritablement un instrument politique, une continuation des rapports politiques, la réalisation des rapports politiques par d'autres moyens »[36], qu'en est-il de la paix ? Celle-ci recèle de significations multiples et peut afficher des degrés d'intensité fort différents, allant de la simple tranquillité ou quiétude à la relation non conflictuelle ou non belliqueuse entre des États. Il peut être intéressant de considérer la paix comme la « continuité » de la guerre, non plus par d'autres moyens, mais en termes chronologiques, telle une phase qui lui succède. Tout l'intérêt d'une lecture de la paix réside dans son interprétation : représente-t-elle l'état principal entrecoupé de guerres ou, *a contrario*, la guerre est-elle l'état naturel entrecoupé de périodes d'accalmie. Partant de la seconde considération, la paix – en tant que traité ou règlement d'un conflit – peut également être considérée comme absente, toute guerre ne se clôturant pas systématiquement par un accord de paix. La « guerre sans paix » serait même davantage la règle dans le conflit israélo-palestinien, voire israélo-arabe, dans la mesure où seules l'Égypte et la Jordanie ont signé un accord de paix avec Israël, respectivement en 1979 et 1994. L'état de nature ne s'assimilerait-il pas dans ce cas, à une succession de guerres utilisant des moyens et des stratégies différentes ? La paix serait alors non plus un pacte qui scelle de nouvelles relations entre les protagonistes, mais une sorte de « guerre

---

[36] Clauswitz (von), C., *De la guerre*, Paris, Perrin, coll. « Tempus », 2006, p. 56.

régulée »[37], rejoignant le concept de « paix froide » envisagé par Moubarak dans ses relations avec Israël (voir *infra*). Appliquant cette conceptualisation à la guerre à Gaza, il apparaît que, d'une part, la fin de la guerre ne se réduit pas à l'établissement d'une paix – au mieux à une cessation unilatérale des hostilités – et que, d'autre part, comme de coutume dans le chef d'Israël, la conclusion d'accords ou de préaccords est constamment remise en question, en raison de l'introduction de nouvelles dispositions à l'accord initial ou de sa complète remise en cause une fois les hostilités interrompues. Alain Joxe va jusqu'à considérer la paix du côté israélien non pas comme un acte visant à entretenir des relations de bon voisinage avec les Palestiniens, mais visant à imposer une relation de domination sur ces territoires grâce à sa puissance militaire[38]. La notion de « guerre sans paix » dans le conflit israélo-palestinien peut également ressortir de la configuration du système politique israélien à la proportionnelle laissant la part belle aux petits partis religieux ou d'extrême droite qui « fixent » les lignes directrices de la résolution du conflit, sachant qu'ils ont la possibilité de faire pencher la balance à tout moment dans un sens ou dans un autre en usant de leur minorité de blocage (voir *infra*). Certes, le système politique israélien pourrait également produire une union nationale composée des grands partis (Kadima, Likoud, Travaillistes), renvoyant les petits partis ultra-religieux et extrémistes dans l'opposition mais l'on a pu constater lors des élections législatives israéliennes de février 2009 que les intérêts et enjeux personnels (Benyamin Netanyahu et Tzipi Livni) ont prévalu sur la perspective d'une telle union.

La liaison entre « guerre » et « paix » force également la réflexion sur l'usage du concept de « guerre juste » : peut-on affirmer, dans ce cas, que la paix sert de justification à la guerre ? La référence à cette notion ayant été relativement comptabilisée durant la guerre à Gaza dans les quotidiens analysés, il importe de déceler l'approche de la guerre qu'elle sous-tend. Tout d'abord, l'idée d'une « guerre juste » ne relève pas de considérations éthiques quant à l'acceptabilité morale d'une guerre, mais tient à sa légitimité juridique au regard de critères propres à l'État qui en prend l'initiative. L'idée sous-jacente à une guerre dite légitime est l'amélioration de la condition présente par les armes afin d'établir une « paix juste ». Pour John Rawls, « [the] aim of a just war waged by a just well-ordered people is a just and lasting peace among

---

[37] Joxe, A. et Kheir, É., « Processus de paix et états de guerre. Moyen-Orient, Balkans, Colombie : le débat stratégique euro-américain, 1999-2000 », *Cahier d'études straté-giques*, n° 29, 2000, p. 65.

[38] Joxe, A. et Kheir, É., *op. cit.*, p. 67.

peoples, and especially with the people's present enemy »[39]. Le recours à la guerre juste traduit une double vision de la politique étrangère et internationale des États. D'une part, la guerre est bien la continuation de la politique par d'autres moyens, et ce, par la définition préalable d'objectifs précis et en raison de l'impossibilité de maintenir le *statu quo* en l'état. D'autre part, la guerre juste s'intègre dans une approche holiste de la politique, la politique externe n'étant qu'une politique publique[40] visant à compléter une autre politique publique interne à l'État. Dans une telle configuration, la guerre apparaît comme une forme de politique étrangère au même titre que la paix ou la diplomatie. Parler de guerre juste dans le cas du conflit étudié demeure toutefois difficilement justifiable, dans la mesure où l'objectif israélien n'était pas véritablement la paix, mais la sécurité nationale par l'arrêt des tirs de roquettes sur son territoire. La guerre juste ne se limite pas uniquement à l'objectif d'une paix juste, elle trouve également une légitimité internationale sur une base juridique ou une légitimité « idéologique ». Dans les deux cas, la guerre à Gaza ne se justifie pas en ces termes. Premièrement, bien qu'elle fût mise en exergue par la présidence tchèque de l'Union européenne (UE) dans les premières heures du conflit – et même si dans les premiers moments de la guerre à Gaza, la légitime défense peut être invoquée en tant qu'« équilibre » entre la valeur à sauvegarder et la valeur à sacrifier –, la légitime défense n'est plus justifiée ni justifiable sur le long terme étant donné que la force utilisée est restée disproportionnée par rapport à l'agression subie. Deuxièmement, l'argument – relayé par la presse écrite étudiée – de l'instauration d'un régime démocratique par le biais d'une intervention militaire commanditée par une démocratie à l'encontre d'un régime autoritaire ne peut s'appliquer à ce cas d'étude.

Enfin, durant la guerre à Gaza, les médias ont souvent eu recours au concept de « proportionnalité » et à ses divers critères d'applicabilité. Le premier consiste à prendre en compte les dégâts que la guerre peut produire au regard des remèdes qu'elle pourrait apporter. Dans le présent cas d'étude, les dommages étaient d'emblée prévisibles, quoique peu quantifiables : la guerre se déroule en ville ; les Gazaouis ne peuvent fuir la zone de conflit étant donné que les frontières égyptiennes et israéliennes restent fermées à tout exode ; l'armée israélienne recourt à

---

[39] « Le but d'une guerre juste menée par un peuple justement et bien ordonné est une paix juste et durable parmi les peuples et notamment avec l'actuel ennemi de ce peuple ». Rawls, J., *The law of Peoples*, Cambridge, Harvard University Press, 2001, p. 94.

[40] Kessler, M.-C., « La politique étrangère comme politique publique », in Charillon, F., *La politique étrangère. Nouveaux regards*, Paris, Les Presses de Sciences Po, coll. « Références inédites », 2002.

une stratégie militaire destructrice, en utilisant des bulldozers pour tracer de nouvelles routes afin d'avoir le moins de pertes possibles dans ses rangs. Même si le recours à des armes visant à les limiter est envisagé sur le terrain, les dégâts collatéraux sont inévitables tant en termes de destructions immobilières qu'en pertes humaines. Quant à la « remédiation » à un mal que subit Israël par les tirs répétés de roquettes palestiniennes sur son territoire, la menace est récurrente, mais peu meurtrière avec un nombre de victimes limité. Sur les plans politique et sociétal, par contre, la perception de la menace pour et par la population israélienne – l'inaction coûtant plus que l'action – a un impact certain en période électorale ainsi que sous la pression des partis ultranationalistes et ultrareligieux, notamment. La force de dissuasion de l'État d'Israël est également en jeu, dans une perspective plus large, plus régionale, avec dans une moindre mesure la menace de l'Iran par l'intermédiaire du Hezbollah et du Hamas. L'enjeu ne se cantonne pas autour de Gaza mais s'étend à toute une région sous tension. Le deuxième critère relatif à la proportionnalité est d'envisager les conséquences de l'action – c'est-à-dire, la guerre – et les conséquences de l'inaction – autrement dit, le non recours à la guerre – ne se résumant pas à la seule inaction, mais à la politique par d'autres moyens que le recours à la force armée. Dans cette perspective, l'analyse régionale et la question du rétablissement de la dissuasion israélienne apparaissent prééminentes dans ce cas d'étude. Par ailleurs, le Hamas est répertorié et vu comme un groupe terroriste avec lequel il n'est ou n'« était » pas question de négocier, tant pour Israël que pour les puissances étrangères, États-Unis et Union européenne en tête. La guerre dans sa définition moderne donnait ainsi certains arguments à Israël pour justifier son intervention armée en territoires ennemis. La situation post-guerre a changé quelque peu la donne, revoyant le statut du Hamas qui, bien que toujours considéré comme un groupe terroriste, devient pour certains un interlocuteur valable, voire légitime. Le dernier critère lié au concept de proportionnalité fait référence à l'amélioration de la situation. Sur ce point, Israël a permis une amélioration de sa situation en termes de sécurité nationale en reconduisant une trêve avec le Hamas. Par contre, la situation que l'armée israélienne – et, par effet domino, le gouvernement israélien – laisse dans la bande de Gaza est « catastrophique » au vu du nombre de victimes, des destructions d'habitations et de bâtiments, des conditions de vie de la population et, *de facto*, du renforcement du Hamas. D'aucuns ont lié, dans les médias, la proportionnalité à la riposte[41] en préconisant l'usage des mêmes armes que l'agresseur, en usant du

---

[41] Voir les propos d'André Glucksmann dans l'article « Une riposte excessive ? Pourquoi l'opinion mondiale a tort de juger les réactions israéliennes "disproportion- nées" », *Le Monde*, 7 janvier 2009.

terrorisme contre le terrorisme ou des tirs de roquettes contre des tirs de roquettes. D'un côté, cette solution serait en totale adéquation avec le droit international (voir *infra*) mais de l'autre, à décharge, toute guerre revêt, volontairement ou non, un caractère disproportionné, soit dans ses moyens, soit dans ses objectifs, soit encore dans sa construction « psychologique » de la menace apparente et réelle.

Guerre longue ou guerre succincte ?

Bien qu'il soit difficile de jauger la durée d'une guerre, *Le Monde* insiste fortement, par rapport aux autres quotidiens, sur le facteur « temps », sur la temporalité de l'événement. Il s'en dégage une tendance à l'évocation d'une guerre longue ou, à tout le moins, risquant de se poursuivre jusqu'à la prise de fonction de Obama, jusqu'aux élections législatives israéliennes, voire de nature à les postposer en raison de sa durabilité. Les autres quotidiens qualifient la guerre à Gaza de « longue » sans pour autant se montrer prédictifs ni livrer d'échéance. L'étude historico-politique du conflit israélo-palestinien tendrait néanmoins à orienter l'analyse de la temporalité vers une courte guerre, ne dépassant pas un mois d'affrontement, et ce, pour diverses raisons. D'abord, l'approche historique de ce conflit montre que, si les guerres ont été successives et nombreuses, depuis la guerre des Six Jours, elles ont toutes été succinctes ne dépassant pas un mois, exception faite de la guerre du Liban de 1982[42]. Ensuite, les enjeux financiers ne sont nullement à négliger eu égard au coût que représente une guerre en armement, déplacement, ravitaillement, entretien des troupes, etc., qui grève les finances publiques non prévues pour ce genre de « politique », et encore moins pour une guerre longue. Cette guerre à Gaza a coûté moins de 2 % du budget de l'État, soit approximativement neuf millions d'euros – trois fois moins que la deuxième guerre du Liban, à la différence qu'Israël subit une phase de ralentissement économique dû à la crise mondiale[43]. Au sein du Hamas et à Gaza, la guerre représente également un coût financier en reconstruction, et un impact sur la croissance économique qui presse la décision unilatérale ou multilatérale d'un cessez-le-feu, comme l'indique le « rapport sur l'assistance de la CNUCED au peuple palestinien »[44] : près d'un milliard et demi d'euros

---

[42] Guerre de Six Jours du 5 au 10 juin 1967, guerre du *Kippour* d'octobre 1973 (du 6 au 24 octobre), guerre du Liban de 1982 du 6 juin 1982 au 17 mai 1983, guerre du Liban de 2006 du 12 juillet au 14 août 2006, et guerre à Gaza du 27 décembre au 18 janvier 2009.

[43] « Le coût de l'opération Plomb durci », *Courrier international*, 30 décembre 2008.

[44] « Rapport sur l'assistance de la CNUCED au peuple palestinien : évolution de l'économie du territoire palestinien occupé », *Conseil du commerce et du développement*, cinquante-sixième session, Genève, 14-25 septembre 2009.

pour la reconstruction de Gaza et un plan de relance économique draconien. Enfin, sous les pressions de la scène internationale, avec les tractations diplomatiques, les relations bilatérales ou multilatérales, l'implication de divers médiateurs, les élections législatives israéliennes, tous les arguments étaient présents pour construire l'analyse d'une guerre rapide, loin d'un discours alarmiste du conflit. En insistant à juste titre sur l'entrée en fonction de l'administration Obama vingt jours après le début du conflit et en mettant en relation cette prise de fonction et la fin de la guerre, les quotidiens imaginaient bien que la guerre ne pourrait durer que peu de temps. Sur ce point, il est donc parfois délicat, voire dangereux en jouant sur le caractère émotionnel, d'instrumentaliser un événement en insistant sur sa durabilité et son omniprésence, alors que la situation réelle a tendance à montrer son contraire.

Quand la guerre à Gaza se voit comparée à la deuxième guerre du Liban

Il convient également de considérer la guerre à Gaza à la lumière de la deuxième guerre du Liban étant donné que cette grille d'interprétation de l'événement est utilisée régulièrement par les quotidiens échantillonnés. Historiquement, l'année 2006 fut marquée par la résurgence de troubles au Proche-Orient qui, sous l'effet d'une conjonction de facteurs, débouchent en juillet et août sur un conflit dont la zone de combat est Israël-Nord et le Sud-Liban. Si l'État israélien essuie depuis décembre 2005 des tirs de roquettes en provenance du sud du Liban, deux événements majeurs attisent les tensions israélo-palestiniennes en janvier 2006 : le premier est la rupture de la trêve et la reprise des attentats par le Hamas et le Djihad islamique ; le second est la victoire du Hamas aux élections législatives à Gaza et en Cisjordanie, une victoire contestée et assortie de sanctions émises tant par Israël que par l'Union européenne et les États-Unis, principaux pourvoyeurs de fonds. Suite aux refus libanais de mettre fin aux tirs de roquettes, Israël se tourne sans plus de résultat vers les Nations unies. Le 12 juillet 2006, huit soldats israéliens sont tués et d'autres enlevés aux points frontières entre Israël et le Liban – le cas du soldat Gilad Shalit, franco-israélien, monopolise alors la presse européenne. Face à la réplique israélienne se traduisant par des raids aériens sur les bases de lancement le long de la frontière et requérant la libération des soldats ainsi que du cessez-le-feu, le Hezbollah intensifie les tirs de roquettes sur le nord d'Israël et atteint la ville de Haïfa. C'est que, malgré les raids aériens essentiellement destinés à enrayer les livraisons d'armes iraniennes au Hezbollah transitant par la Syrie, Tsahal est mal préparée : les bases de lancement ne sont pas détruites et l'offensive terrestre menée au Liban le 24 juillet s'embourbe à quelques kilomètres de la frontière entre les deux pays.

Seule l'intervention du Conseil de sécurité, après de longues tractations, fera cesser les combats et les tirs de roquettes. Mais le Sud-Liban est dévasté, ses moyens de communication sont anéantis et, de surcroît, le Hezbollah en sort politiquement et militairement renforcé. Ces conséquences favorisent la remise en cause du rôle de la Force d'interposition des Nations unies au Liban – la FINUL I remplacée par la FINUL II : mettant fin aux affrontements, elle ne neutralise pas pour autant les flux de fournitures d'armes à destination du Hezbollah, dans la mesure où cette force internationale ne contrôle que la seule frontière entre Israël et le Liban.

Outre les constats, durant la deuxième guerre du Liban, d'une mauvaise préparation de l'armée et d'un fort ressentiment dans l'opinion publique israélienne envers les dirigeants politiques, d'autres éléments auront des répercussions sur la guerre à Gaza. Premièrement, les tirs de roquettes sur le nord d'Israël en janvier 2009 en guise de contestation de l'entrée de l'armée israélienne dans la bande de Gaza imposent au Hezbollah de rapidement démentir toute implication dans ces actes. Deuxièmement, l'Iran exerce dans la région une pression non négligeable, même si le discours tenu à l'encontre d'Israël n'est pas à confondre avec les enjeux externes de l'État. Troisièmement, la deuxième guerre du Liban est souvent considérée comme un fiasco au regard de la guerre à Gaza. Or, l'existence de différences majeures entre ces deux conflits enjoint de tempérer ces conclusions. En 2009, l'armée israélienne affiche une meilleure préparation au niveau des offensives tant aériennes que terrestres. L'opinion israélienne apparaît en outre plus favorable à une intervention à Gaza, et semble surtout prête, comme le souligne Aygil Levy[45], expert militaire à la *Open University* d'Israël, à assumer un nombre de morts dans ses rangs, là où le « syndrome du Vietnam » planait sur la deuxième guerre du Liban – même si ces ressentis demeurent difficilement mesurables, s'agissant notamment de déterminer le seuil de tolérance de la population face à la mort de soldats nationaux, seuil dont le dépassement marquerait la transformation du soutien gouvernemental en contestation. Cette considération illustre parfaitement les tensions qui existaient entre Ehoud Barak, Livni et Ehoud Olmert sur la décision de poursuivre ou arrêter la guerre à Gaza. Enfin, bien que l'irréaliste[46] dessein israélien visant à faire cesser les tirs de roquettes du Hezbollah sur le nord du pays soit finalement atteint à l'issue de l'intervention onusienne et l'entame du cessez-le-feu, l'objectif d'un endiguement du trafic d'armes ourdi dans les tunnels

---

[45] « Israël a voulu donner une leçon au Hamas en limitant le risque pour les soldats », *Le Monde*, 7 février 2009.

[46] Encel, F., « Guerre libanaise de juillet-août 2006 : mythes et réalités d'un échec militaire israélien », *Hérodote*, n° 124, 2007, p. 14-23.

établis sous la frontière égyptienne est par contre un échec total. Ces marchandages souterrains ont en effet repris dès le lendemain du cessez-le-feu entre le Hamas et Israël, soit le 18 janvier 2009.

La « diplomatie »,
un outil de politique étrangère ?

La particularité de la notion de diplomatie tient dans son manque de théorisation. Si les Relations internationales ont trouvé une véritable place dans la communauté scientifique, les ouvrages traitant spécifiquement de la diplomatie à travers les divers courants théoriques sont rares. Bien que les encyclopédies spécialisées de Science politique semblent avoir longtemps négligé le sujet, *Le dictionnaire des relations internationales* de Marie-Claude Smouts s'attarde sur cette notion sous l'angle des enjeux liés à son développement, son évolution et son adaptation aux nouveaux moyens technologiques et au paysage mondial[1]. Outre les ouvrages célèbres de Geoffrey Berridge et Alan James[2] ou encore de Raoul Delcorde[3], dictionnaires recensant les vocables dérivés et en lien avec la diplomatie au sens large du terme, l'une des principales références en la matière demeure le livre de Constanze Villar[4], entièrement consacré à l'analyse discursive en diplomatie. Exhaustive et fort documentée, cette étude relève aussi les difficultés découlant du manque tant d'apport bibliographique que de volonté de prendre en considération cette notion.

« La » diplomatie, « plusieurs » approches

Pour définir la notion de diplomatie, il est nécessaire d'en dépasser la vision classique et de l'entrevoir sous plusieurs approches théoriques. Selon les préceptes constructivistes, la diplomatie serait un « instrument » au service des relations internationales. La vision globale de la diplomatie traditionnelle, de type régalien, cède place à une lecture différenciée en fonction des champs d'intervention (environnement,

---

[1] Smouts, M.-C., « La diplomatie », in Smouts M.-C., Battistella, D. et Vennesson, P., *Le dictionnaire des relations internationales*, Paris, Dalloz, 2003, p. 132-137.

[2] Berridge, G. et James, A., *A Dictionary of Diplomacy*, Houndmills, Palgrave, 2001.

[3] Delcorde, R., *Les mots de la diplomatie*, Paris, L'Harmattan, 2005.

[4] Villar, C., *Le discours diplomatique*, Paris, L'Harmattan, coll. « Pouvoirs comparés », 2006.

commerce, etc.) en considérant de nouveaux acteurs[5] en interaction constante. Cette notion se veut dès lors applicable à une multitude de domaines tant généraux que plus spécifiques, à savoir les relations bilatérales et multilatérales, les processus de négociation, les types de diplomatie (résolution, régulation, prévention de conflit, relation économique, diplomatie « environnementale », etc.) ou encore les aires géographiques[6]. Ce courant établit une distinction entre diplomatie et politique étrangère, la diplomatie faisant figure d'« instrument de la politique internationale »[7].

Si les institutionnalistes considèrent également la diplomatie comme un instrument, ils réservent la mise en œuvre de cet « outil » principalement aux mains de l'action publique et des institutions qui n'influencent guère les autres secteurs de l'action :

> Il n'y a pas de positions politiques homogènes [du corps diplomatique]. Derrière l'outil diplomatique se trouvent des individus, des groupes, [...] variant selon les problèmes. [...] D'une façon plus générale, il y a "une prise de rôles" qui a pour effet de faire des titulaires d'un dossier géographique les défenseurs du pays dont ils ont la charge[8].

Certains chercheurs ont ainsi adopté une posture se rapportant à une analyse de la diplomatie dans un cadre strictement institutionnel à travers l'étude du rôle des ambassades (ou des représentations permanentes, dans le cas des relations entre États et organisations internationales). D'aucuns débutent leur étude par l'administration centrale observant ainsi les relations et rapports de forces qui en découlent. D'autres axent la réflexion sur son développement face aux nouvelles technologies, aux nouveaux enjeux sécuritaires et à la mondialisation, en ce sens qu'elle favorise à la fois l'accroissement de relations multilatérales sans cesse « élargies » (Onu, Organisation mondiale du commerce, Otan, Union d'Europe occidentale, etc.) et plus « spécifiques » (G20, G8, UE, etc.) que le retour à certaines relations bilatérales plus étroites (G2, relation franco-allemande ou encore la relation privilégiée qui a souvent prévalu entre le Royaume-Uni et les États-Unis). Certains soulignent également l'influence des différents ministères sur l'action extérieure de l'État. Ils abordent la diplomatie sous l'angle d'une politique publique

---

5 Badie, B., *Le diplomate et l'intrus. L'entrée des sociétés dans l'arène internationale*, Paris, Fayard, coll. « L'espace du politique », 2008.

6 Laroche, J., *La politique internationale*, Paris, LGDJ, 1998.

7 Voir à ce sujet Pfetsch, F., *La politique internationale*, Bruxelles, Bruylant, 2000, p. 217 ; Roche, J.-J., *Théories des relations internationales*, 6e édition, Paris, Montchrestien, coll. « Clefs/Politique », 2006, p. 11.

8 Kessler, M.-C., *La politique étrangère de la France. Acteurs et processus*, Paris, Les Presses de Science Po, 1999, p. 133.

que les bouleversements la rendant moins « efficace » pour les pouvoirs publics enjoignent de modifier[9]. Dans ce cadre, la fonction de diplomate est généralement considérée comme non adaptée et reste susceptible d'être mise en difficulté dans la réalisation de ses missions.

Une autre approche, réaliste[10], tend à entrevoir la diplomatie dans une optique pouvant presque être qualifiée de « pragmatique » : dans une situation de négociation permanente, les diplomates interviennent eux-mêmes dans le débat et la définition des tâches. Samy Cohen adopte cette posture réaliste, voire néo-réaliste, en considérant que le développement de la situation internationale est favorable au retour d'un certain pouvoir pour les diplomates. Ainsi, en opposition aux institutionnalistes, il s'agit de montrer concrètement l'accroissement des tâches du diplomate, la multiplication de ses pôles d'intervention et sa capacité d'adaptation afin d'assurer la pérennité de sa mission. Le diplomate devient à même d'éclairer une situation internationale devenue plus qu'opaque suite à la multiplication des acteurs et à la complexification des relations. Cette tendance établit un lien immédiat entre politique étrangère et diplomatie, celle-ci découlant des orientations déterminées par l'État qui la met en œuvre.

Sans pour autant proposer une définition exhaustive, il est intéressant de souligner, dans le cadre de cet ouvrage, l'existence d'un courant général[11] qui, selon Villar, considère l'étude de la diplomatie comme sans objet, dans la mesure où l'État n'étant plus l'acteur central mais en concurrence et contourné par de nouveaux acteurs[12]. Cette conception des relations internationales intègre dès lors une approche sociologique portant sur l'influence des individus ou groupes réunis en dehors des structures étatiques. Ces auteurs auront tendance à négliger la diplomatie, l'analysant au second plan, voire l'occultant complètement de toute théorisation[13]. Selon Villar, « la lecture des travaux consacrés à la diplomatie montre un excès d'empirisme et l'absence d'une réflexion théorique »[14]. Insistant sur les tendances françaises dans la théorisation des Relations internationales à dévaloriser la notion de diplomatie, elle associe son obsolescence en tant que sujet d'étude aux bouleversements

---

[9] Voir à ce sujet l'étude critique des politiques publiques françaises et, plus particulièrement, ici, des Affaires étrangères réalisée par Heisbourg, F., « Défense et diplomatie : de la puissance à l'influence », in Fauroux, R. et Spitz, B. (dir.), *Notre État. Le livre vérité de la fonction publique*, Paris, Robert Laffont, 2000, p. 214-239.

[10] Voir à ce sujet Cohen, S., *Les diplomates. Négocier dans un monde chaotique*, Paris, Autrement, 2002.

[11] Voir à ce sujet Smouts, M.-C., *op. cit.*

[12] Villar, C., *op. cit.*, p. 30.

[13] *Ibidem*, p. 29-32.

[14] *Ibidem*, p. 28.

de la scène internationale, dans la mesure où les fortes relations transnationales entre acteurs non étatiques – ONG, médias, etc. – en dehors du « contrôle » étatique induisent un rejet de toute considération d'un système bureaucratique de l'État dans lequel la notion de diplomatie trouverait place.

La diplomatie, entre absence et efficience

« Chaque jour qui passe dans la bande de Gaza apporte son lot de victimes civiles sous la machine de guerre israélienne, dans l'indifférence de la communauté internationale »[15], « La diplomatie reste impuissante »[16], « La diplomatie fait grise mine »[17], « La diplomatie patine »[18]. Telles sont, parmi d'autres, les utilisations diverses du concept de diplomatie mobilisées de façon récurrente par les journaux échantillonnés. Ce faisant, les journalistes tendent à identifier le manque, voire l'absence, d'implication de certains acteurs, la longueur des négociations ou encore le silence de certaines parties au conflit comme une mise en échec de la diplomatie. Partant, il importe de s'interroger sur le sens et la portée de cette notion : la « non-implication » ou la lenteur étatique ne résulte-elle pas davantage, en adoptant une posture réaliste, de ses choix de politique étrangère, de la mise en œuvre de processus longs et fastidieux que d'un défaut de sa diplomatie ? La politique étrangère d'un État est considérée comme un processus destiné à faire prévaloir les intérêts nationaux au sein du système international. Plus précisément, elle concerne l'établissement des orientations et des objectifs que tout État confère à son action extérieure ainsi que la définition de stratégies nécessaires à la défense de cet État au sein du système international[19]. « Elle résulte de décisions prises juridiquement par les détenteurs du pouvoir exécutif. Cette primauté est une survivance des origines régaliennes de la diplomatie qui subsistent dans tout État »[20]. La notion de diplomatie, quant à elle, se définit comme la conduite par un État de ses relations extérieures

---

[15] « Guerre de Gaza : l'Onu dénonce une "crise humanitaire totale" », *Le Monde*, 8 janvier 2009.

[16] « Nouvelle manifestation contre la guerre de Gaza », *Le Monde*, 11-12 janvier 2009.

[17] « Plus de cinq cent morts et cinq fois plus de blessés : l'offensive israélienne désormais terrestre contre le Hamas a assimilé Gaza à l'enfer », *Le Soir*, 5 janvier 2009.

[18] « Gaza : la Belgique passe à l'action », *La Libre Belgique*, 9 janvier 2009 et « Les appels à la trêve ne trouvent pas de relais diplomatiques », *Le Monde*, 31 décembre 2008. Ce dernier nuance cependant le propos en affirmant que « La diplomatie semble patiner ».

[19] Voir à ce sujet Roosens, C., Rosoux, V. et de Wilde, T. (dir.), *La politique étrangère : le modèle classique à l'épreuve*, Bruxelles, Cecri, P.I.E. Peter Lang, 2004.

[20] Petermann, S., « *Processus d'élaboration de la politique étrangère* », Liège, Les Éditions de l'Université de Liège, 2006, p. 32.

par le biais de la communication et de la négociation. N'y a-t-il pas lieu, dans ce cas, de la considérer comme un outil de la politique étrangère ? Dès lors, si la politique extérieure d'un État ou des organisations internationales se résume à la non-ingérence, voire la neutralité, l'inactivité de sa diplomatie n'est-elle pas en soi un acte diplomatique ? Affirmer que « la diplomatie se heurte à l'intransigeance absolue israélienne »[21] ou qu'elle « semble patiner »[22] est paradoxal : dans ces cas, le quotidien conduit le lecteur tantôt vers une « personnification » du concept, tantôt vers une « réification » de l'acteur diplomatique. En procédant à ce type d'analogie, les journaux dissocient le concept de « diplomatie » des acteurs. Dès lors, si les dénominations telles que « diplomatie turque », « diplomatie américaine » ou « française » renvoient à une notion spécifique et à un instrument, l'utilisation du concept de diplomatie dans une conception absolue n'a que peu de sens.

À ce premier constat s'ajoute l'absence de référence dans les quotidiens analysés – si ce n'est au travers de quelques genèses du conflit peu exhaustives – au cadre dans lequel s'exercent les négociations et s'établissent les stratégies diplomatiques de règlement de conflit. Si les journaux « personnalisent » la diplomatie, ils omettent de préciser le contexte dans lequel elle se déploie dont il importe pourtant de tenir compte. D'emblée, il convient dès lors d'énoncer les limites qui, tant pour le médiateur[23] que pour les parties au conflit, obligent les États à déterminer le cadre de négociation *ad hoc* à la mise en œuvre de leurs choix de politique étrangère et, par conséquent, le type de diplomatie qui en découle. Partant, s'il existe assurément dans le contexte de la guerre à Gaza des disparités en termes de puissance entre les parties, chacune d'elles conserve un « droit de veto », quoique tout relatif dans le cas du Hamas. Ce veto complexifie l'obtention d'un accord, les parties étant peu enclines à accéder à leurs revendications réciproques et réticentes à entamer des discussions fondées sur une dynamique « égalitaire ». Visant à déterminer le cadre dans lequel s'opèrent les pourparlers, cette première étape révèle la capacité de freinage, voire de blocage, des négociations que confère aux Israéliens leur « droit de veto », sans qu'elle signifie pour autant un « silence de la diplomatie ».

---

[21] « La diplomatie peut-elle aider à sortir de la crise ? », *Le Soir*, 7 janvier 2009.

[22] « Les appels à la trêve ne trouvent pas de relais diplomatiques », *Le Monde*, 31 décembre 2008.

[23] Pour plus d'informations sur cette notion de médiation, voir notamment Charillon, F., « La stratégie européenne dans le processus de paix du Moyen-Orient : la politique étrangère de proximité et de diplomatie du créneau », in Durand, M.-F., *La PESC : ouvrir l'Europe au monde*, Paris, Les Presses de Science Po, 1998.

En poursuivant dans la même logique, il existe plusieurs issues aux négociations : soit les parties procèdent à un « jeu à somme nulle »[24], chacune cherchant à compenser les concessions par des avantages[25], soit elles tentent de trouver une solution plus durable qui consiste à fixer les bases de discussions ultérieures[26]. L'utilité de cette description réside dans la nécessité de faire comprendre aux lecteurs l'existence de ces cadres de négociation, lui rappelant que seul l'échec de ces méthodes rend l'intervention d'un (ou de plusieurs) médiateur(s) indispensable. Dès lors, si les gouvernements français ou égyptien interviennent ou que les critiques portent sur une non-implication des États-Unis, il convient d'expliciter les raisons du caractère potentiellement souhaitable, voire primordial, de leur intervention.

Quand *Le Monde* stipule que le « rôle de médiateur qui revient habituellement à l'Égypte [...] est désormais contesté »[27] ou lorsque *Le Figaro* s'interroge sur la « crédibilité du rôle de médiateur d'Ankara »[28], ces journaux s'abstiennent d'éclairer le lecteur sur la fonction de médiateur et la nature de ses missions dans le cadre de la résolution de conflit. Or, selon les cas, celui-ci proposera des solutions (comme pour la France et l'initiative sur Jérusalem avant le conflit[29]), inspirera idéalement la confiance de chacune des parties au conflit et ne négligera jamais ses interlocuteurs, quels qu'ils soient. Le médiateur entend ainsi construire un environnement propice à la reprise de la négociation, tout en essayant de conserver sa légitimité propre.

Le conflit israélo-palestinien, et plus particulièrement la guerre à Gaza, met en présence les deux éléments les plus défavorables à l'intervention d'un médiateur, telle que décrite par William Zartman[30], situation particulière qui freine également l'action des tiers dans la résolution. D'une part, Israël semblait retirer plus d'avantages dans la poursuite de ce conflit que dans la mise en place d'une trêve – en raison

---

[24] Voir notamment David, C.-P., *La guerre et la paix*, Paris, Les Presses de Sciences Po, coll. « Les Manuels », 2006 ; Barrea, J., *Théories des relations internationales, de l'« idéalisme » à la « grande stratégie »*, Louvain-la-Neuve, Érasme, 2002.

[25] Citons par exemple les accords entre Israël et l'Égypte portant sur la restitution des territoires conquis contre une obligation de sécurité, l'échec des discussions entre Israël et la Syrie, etc.

[26] Voir à ce sujet Clement, K., *Peace and security in the Asia pacific Region*, Tokyo, United Nations, 1993.

[27] « Le rôle de médiateur de l'Égypte désormais contesté », *Le Monde*, 30 décembre 2008.

[28] « Mitchell veut aider Abbas à reprendre pied à Gaza », *Le Figaro*, 31 janvier 2009.

[29] Voir, notamment, les titres du quotidien *Le Figaro* des 18 et 19 décembre 2008.

[30] Zartman, I. W., « La politique étrangère et le règlement de conflit », in Charillon, F., *op. cit.*

de la tenue toute proche d'élections législatives (février 2009), du soutien consenti par l'« opinion publique », d'une volonté prégnante de renforcer sa capacité de dissuasion régionale, d'aspects sécuritaires et du déploiement de nouvelles stratégies militaires, etc. D'autre part, l'existence de fortes disparités entre les acteurs du conflit peut parfois conduire le médiateur à mettre en œuvre des stratégies hautement structurées visant à orienter les décisions de ces derniers, voire à les « manipuler », au risque de devenir partie à ce conflit.

Cette approche conduit à considérer la diplomatie comme proche de la politique étrangère et s'inscrit dans un cadre de négociation. Cependant, la diplomatie appliquée à l'étude de la guerre à Gaza se définit-elle dans sa vision générale ou comme un ensemble de spécificités qui dépend des stratégies déployées par les acteurs au sens large ? En outre, la volonté d'Israël de poursuivre ses frappes entraîne-t-elle une « diplomatie au point mort »[31] ? La guerre empêche-t-elle la diplomatie ? L'intervention d'acteurs tels que l'Égypte, la France ou encore l'UE constitue des actes de politique étrangère conduits par le biais de la diplomatie. Pourtant, l'étendue de cette notion et de son champ d'action demeure vaste. Si les journaux ont tendance à l'utiliser de manière négative et absolue (la diplomatie reste « impuissante » ou « faible »), ce concept recouvre une définition propre à chaque circonstance. Il convient donc d'établir des distinctions et de ne pas faire d'utilisation non dissociée de ces conceptualisations classiques. Quelles que soient les positions prises face au conflit armé dans la bande de Gaza, les diplomaties des acteurs étatiques concernés tant sur le plan régional qu'international ont évolué dans le sens d'une diplomatie de règlement de conflit. La diplomatie implique usuellement une communication continue. Bien que non linéaire – le conflit étant le propre des rapports humains[32] –, elle permet néanmoins aux acteurs parties au conflit de le « régler » par le biais d'un dialogue régulier, voire constant. Sur la base d'accords mettant en œuvre des relations bilatérales (parfois multilatérales), non moins synonymes de tensions dans la mesure où chaque État cherchant son avantage (*help-self*, principe hobbesien du « chacun pour soi ») développe des mécanismes au sein de représentations traditionnelles[33] (ambassade, envoyé extraordinaire, etc.) ou exceptionnelles

---

[31] « Forte mobilisation dans tout le Maghreb pour soutenir les Palestiniens et condamner Israël », *Le Monde*, 11-12 janvier 2009.

[32] Voir Cantori, I. J. et Speigel, S. L., *The international relations of Regions : a comparative Approach*, Englewood Cliffs, Prentice Hall, 1970 ; Freund, J., *L'essence du politique*, Paris, Dalloz, 2004 ; Simmel, G., *Le conflit*, Belval, Circé, 2003.

[33] Les quotidiens nuancent l'utilisation de la diplomatie et des relations diplomatiques. Ainsi *Le Monde* précise, dans un article du 11 janvier 2009, que les trois seuls États

(conférences internationales) afin d'éviter tout conflit. Même en atteignant ces objectifs, il demeure des « crises » pour lesquelles les réactions tardives des dirigeants – dans une politique étrangère recourant à une forme traditionnelle de diplomatie – influent sur les perceptions de l'opinion publique. Contraints à l'adoption d'une posture diplomatique « réactive » face aux événements, les États concernés développent une diplomatie de gestion de crise, dont l'objectif consiste à diminuer l'intensité afin d'éviter une guerre. C'est sur la base de cette nouvelle conception de politique étrangère que les États vont chercher, et ce, plus encore à l'issue de l'ère bipolaire, à mettre en œuvre des mesures permettant de résoudre les conflits sans devoir développer de réactions hâtives et diplomatiquement « fâcheuses ». Dans le contexte de la guerre à Gaza interviennent de nouvelles « facettes » de la diplomatie. L'Europe en déploie notamment l'une d'elles en cherchant à obtenir une régulation du conflit (« diplomatie régulatoire »[34]). De plus, si une résolution définitive (« diplomatie résolutoire »[35]) semble à l'heure actuelle impraticable dans cette région (« guerre sans paix »), certaines diplomaties cherchent avant tout à réduire l'impact et les risques qui en découlent. Dans ce cas, la régulation de conflit est-elle définie comme « cherchant à réduire avec le temps un conflit violant à un désaccord politique »[36] ? La France, quant à elle, semble porter son attention sur une autre « facette » de la diplomatie, cherchant ainsi à transformer[37] la crise en tentant de déplacer les centres d'intérêt du conflit (*check point*, tunnels, attaques, etc.) en obligations d'interdépendances. *De facto*, en cherchant à régler les principaux points de litiges, et bien qu'elles se caractérisent par une grande incertitude, ces réactions conduisent les processus diplomatiques, le plus souvent pour des conflits durables, à créer des obligations dans le chef des deux États de telle manière à créer un système d'interdépendance afin, logiquement, de les dissuader de tout conflit armé direct. Notons toutefois que la domination militaire et économique israélienne rend malaisée la mise en œuvre de ce type de diplomatie : le clivage en termes de rapports de forces et leurs disparités (tant politiques, qu'économiques ou sociales) contribuent au déséquilibre. Dès lors, un discours qualifiant uniquement négativement la diplomatie, par le recours à des qualificatifs comme « patiner », voire

---

au Moyen-Orient entretenant des relations avec Israël sont la Mauritanie, l'Égypte et la Jordanie. Dès lors, quid de la Turquie et du Qatar ?

[34] Hocking, M., *Foreign ministries : change and adaptation*, Basingstoke, Macmillan Press, 1999.

[35] *Idem*.

[36] Zartman, I. W., *op. cit.*, p. 278 ; voir, notamment, Soetendorp, B., *Foreign policy in the European Union*, New York, Longman, 1999.

[37] Voir notamment Durand, M.-F., *op. cit.*, 1998.

« s'effondrer », néglige l'existence d'une stratégie propre à chaque acteur étatique. De plus, le refus des parties de renoncer officiellement aux négociations obligent parfois les États à agir secrètement, donnant l'impression d'un blocage dans le recours à la diplomatie.

Une ultime stratégie diplomatique, consistant à prévenir le conflit ou sa résurgence, apparaît souvent comme le propre des organisations internationales qui peinent à s'accorder en situation de crise. Au même titre que la politique américaine lors de la conclusion des accords de camp David ou d'Oslo, l'enjeu réside dans la mise en œuvre de ressources diplomatiques aux fins d'établir un dialogue devant permettre, au moyen d'instruments – officiels ou non – et d'une volonté bilatérale, au conflit de trouver une issue à court ou long terme[38]. L'Onu a été la première à promouvoir la « diplomatie préventive », notion qui figure par ailleurs dans sa charte[39]. Le coût inhérent à la guerre, les risques qu'elle comporte et le manque d'instruments à disposition pour imposer une décision lorsque la crise armée a débuté, sont autant d'éléments incitant les États à privilégier ce dispositif préventif.

Si les journaux s'accordent sur la nécessité de parvenir à une solution diplomatique à la guerre à Gaza, tous occultent l'idée selon laquelle « une réaction diplomatique très vive à un incident violent au Proche-Orient [...], si décisive et novatrice qu'elle puisse être, ne résoudra pas le conflit israélo-palestinien. Au mieux elle renverra [...] à une situation de *statu quo* »[40]. Dès lors, parler d'un « silence de la diplomatie internationale »[41] est non seulement erroné sachant que la France et l'Égypte ont travaillé durant toute la période de la guerre au cessez-le-feu, mais également peu approprié étant entendu que la diplomatie reste un moyen d'action de la politique étrangère déployée par chaque État ou organisation internationale en fonction de ses priorités et/ou objectifs propres. De plus, considérer la diplomatie d'un point de vue international est très peu défendable étant entendu qu'il n'existe pas une politique étrangère internationale, mais bien une somme de politiques étrangères nationales.

Ces premières définitions portant sur les types de stratégies diplomatiques confèrent aux acteurs impliqués dans le conflit une position

---

[38] Voir notamment Alder, E., *Imagined security Communities*, papier présenté à l'*Association of political Science*, New York, 1994 ; Soetendorp, B., *op. cit.*

[39] L'Assemblée générale renouvelle son engagement envers le principe de diplomatie préventive dans le document final du sommet mondial de 2005. Assemblée générale des Nations unies, Résolution 60/1 (A/60/L.1), 2005.

[40] Zartman, I. W., *op. cit.*, p. 279.

[41] Seul *Le Figaro* n'adopte pas cette posture, exception faite du silence des leaders arabes comme l'illustre l'article suivant : « Les Libanais manifestent pour dénoncer le silence des leaders arabes », *Le Figaro*, 3-4 janvier 2009.

directe (Israël, Autorité palestinienne), indirecte (Égypte, Liban) ou volontariste (France, Onu, etc.).

Si le concept de diplomatie est traité de façon récurrente par les différents journaux échantillonnés, la description qui en est faite s'écarte à plusieurs reprises de la réalité politique à laquelle elle renvoie. Souvent considérée comme la politique globale d'un État, il n'est notamment pas fait référence à sa fonction d'instrument de politique étrangère. Les quotidiens analysés ne relayent pas la position réaliste qui tend à réduire la diplomatie à la mise en œuvre de choix de politique étrangère qui en justifient l'(in)action ou la lenteur. Partant, ils ne font en outre que rarement, voire jamais, référence à d'autres acteurs que ceux directement impliqués dans la guerre à Gaza[42]. Souvent instrumentalisées à des fins de propagande (politique, religieuse, idéologique, etc.), les diverses répercussions liées à cette guerre obligent de nombreux États (États voisins ou « grandes puissances ») à se positionner sur un conflit dans lequel ils ne sont pas directement impliqués et à établir à cet égard des stratégies de politique étrangère. De ce fait, ces acteurs qualifiés d'extérieurs au conflit ont souvent à choisir entre soutien ou condamnation d'une partie (comme le Qatar, les États-Unis ou encore le Liban dans le cas du présent conflit) et neutralité en prenant part (France) ou non (Royaume-Uni) au règlement du conflit. Généralement privilégiée, cette position de neutralité découle en grande partie des risques de création de puissants antagonismes à l'encontre d'un État de la part de la partie adverse au conflit. Ainsi, en l'absence de garantie ou face à un choix cornélien – comme la question du soutien à l'intervention américaine en Afghanistan en réponse aux attentats de 2001 –, l'acteur étatique tend à privilégier une position neutre (à l'instar de la France). Dans le cadre du conflit à Gaza, les États occidentaux ont dû jongler entre « l'impossibilité volontaire » de soutenir un mouvement islamiste et les actions militaires israéliennes, qualifiées par certains de démesurées et expansionnistes – en ne négligeant pas les pressions intra-étatiques, comme parmi d'autres dans les cas égyptien (les Frères musulmans) et français, compte tenu des différentes communautés que l'État recense (voir *infra*).

Afin d'étayer ce raisonnement, il importe encore de pointer l'impact de la capacité et l'opportunité d'action de chaque acteur extérieur au conflit dans l'« impuissance » ou la « lenteur » de la diplomatie. Si des instruments financiers ou des moyens de coercition ont déjà été utilisés dans le cadre du conflit israélo-arabe, des preuves historiques – longues médiations menées par le secrétaire d'État de Nixon, Henry Kissinger, pour la restitution de certains territoires occupés par Israël – montrent

---

[42] Badie, B., *op. cit.*

que les négociations portant sur une éventuelle réconciliation sont complexes et ardues.

Si, dans le cadre du traitement médiatique de la guerre à Gaza, les « insuffisances » conceptuelles et les tendances à la « personnification » de la notion de diplomatie concourent, dans le cadre du traitement médiatique, à l'instauration d'un sentiment de rejet de la communauté internationale ainsi qu'à accentuer la « tragédisation » de l'événement, et *de facto* le caractère émotionnel d'une situation déjà critique, voire à la légitimation d'une perception de la situation vécue, ces enseignements confirment l'importance d'une analyse de l'usage d'un concept tel que la « diplomatie » dans le champ médiatique.

CHAPITRE III

La « communauté internationale », entre mythe et réalité ?

Se profilant depuis plus d'une vingtaine d'années dans les discours et dispositifs les plus divers, la « communauté internationale » apparaît aujourd'hui comme un acteur à part entière des relations internationales. Évoquant une conception harmonieuse du système international par la mise en valeur de ses forces unificatrices, son « timbre rassurant »[1] constitue l'instrument privilégié de tous ceux qui cherchent à rallier l'opinion publique à une cause dite « universelle ». Polysémique – et par conséquent ambiguë –, cette notion est par ailleurs sur le plan formel souvent mise entre guillemets, ce qui constitue un indice notable de l'opacité, voire de l'opacification, de l'expression[2].

Selon les dictionnaires de langage courant, le terme « communauté » peut renvoyer à deux concepts distincts. D'une part, il identifie un groupe social particulier, dont les membres vivent ensemble, possèdent des biens communs et partagent des intérêts. D'autre part, il s'applique aussi au type de relations sociales caractérisant ce groupe déterminé. Cette dualité sémantique est également reconnue dans le langage juridique international[3] où la « communauté internationale » désigne à la fois un rapport moral et juridique existant entre les États – en relation entre eux et admettant l'existence de droits et devoirs réciproques – et l'ensemble des États – rapprochés par le sentiment de communauté et constituant, en conséquence, une collectivité régie par le droit international.

Cet éclairage terminologique se révèle toutefois insuffisant pour lever entièrement le voile entourant l'usage de cette notion. Non seulement l'expression « communauté internationale » est employée pour désigner une réalité sociale à géométrie et de composition variables[4],

---

[1]   Dupuis, R.-J., *La Communauté internationale entre le mythe et l'histoire*, Paris, Économica, 1986, p. 11.

[2]   Recanati, F., *La transparence et l'énonciation*, Paris, Seuil, coll. « L'ordre philosophique », 1979.

[3]   Union académique internationale, *Dictionnaire de la terminologie du droit international*, Paris, Sirey, 1960, p. 131-132.

[4]   Dans une première acceptation, l'expression désigne l'« [ensemble] des États pris dans leur universalité », mais elle peut également s'appliquer à l'« [ensemble] plus

mais cette variabilité se reflète également dans le discours médiatique : « La "communauté internationale", que ce soit l'Europe, les États-Unis ou les puissances locales, comme la Syrie, l'Égypte ou l'Iran »[5] ; « Le processus de paix avec les Palestiniens, dont le redémarrage est réclamé par les États-Unis et la communauté internationale, ne convainc plus un grand nombre d'Israéliens »[6] ; « La réponse de la communauté internationale et des pays arabes »[7] ; « La critique internationale a tendance à se focaliser sur Israël, puis accessoirement sur la Communauté internationale, États-Unis en tête suivis, loin derrière, de l'Europe »[8]. Mais l'identification du type de relation sociale caractérisant les rapports communautaires dépend également de ce que l'on considère comme étant commun aux membres du groupe constituant cette réalité, c'est-à-dire de son degré de cohésion. Pourtant, les représentations du rôle et du poids de la communauté internationale sur la scène mondiale n'apparaissent globalement pas convergentes : si certains considèrent qu'elle « s'impose dans les relations internationales, davantage par ses prises de position et les opinions qu'elle émet que par son action »[9], d'autres la dépeignent *a contrario* sous les traits d'un « club de puissances utilisant l'ingérence dite humanitaire pour contrôler les plus faibles »[10]. Par ailleurs, si l'expression est couramment usitée dans un sens non technique afin de désigner le système international dans son ensemble, la Science juridique l'utilise souvent, par exemple, dans une acception également très large, mais plus systémique[11]. Les juristes, particulièrement les internationalistes, réfléchissent depuis toujours sur cette notion et entretiennent avec elle une proximité ambiguë[12], divisant la pensée

---

vaste incluant, à côté des États, les organisations internationales à vocation universelle, les particuliers et l'opinion publique internationale ». Salmon, J., *Dictionnaire de droit international public*, Bruxelles, Bruylant, 2001, p. 205-206.

[5] « Trêve de violence et de sang », *La Libre Belgique*, 14 janvier 2009.

[6] « Trois grands dossiers difficiles sur la table du futur Premier ministre », *Le Figaro*, 11 février 2009.

[7] « L'autorité palestinienne fragilisée par l'offensive israélienne », *Le Monde*, 30 décembre 2008.

[8] « L'ombre d'Israël sur un océan de problèmes arabes », *Le Soir*, 3-4 janvier 2009.

[9] Bertin Kouassi, K., *La communauté internationale, de la toute-puissance à l'inexistence*, Paris, L'Harmattan, 2007, p. 27.

[10] Moreau Defarges, P., *Droits d'ingérence. Dans le monde post-2001*, Paris, Les Presses de Sciences Po, coll. « Nouveaux Débats », 2006, p. 9.

[11] Qualifiée de « communauté juridique internationale », cette réalité consubstantielle à la notion de droit international désigne le résultat de la coexistence de sociétés indépendantes organisées et de leurs convictions d'être liées par un certain nombre de règles, dès lors par des droits et devoirs réciproques. Mosler, H., « The International Society as a Legal Community », *Recueil des Cours de l'Académie de Droit International de La Haye*, tome 140, 1974-IV, p. 18.

[12] Lorsqu'ils ne la dénonçaient pas comme étant une simple utopie non réaliste, ils ont

juridique occidentale principalement en deux camps : les tenants de l'existence, tout au plus, d'une communauté interétatique axée sur les États souverains et ceux projetant, au-delà des États, l'idée d'une communauté cosmopolitique centrée autour des individus.

Toutefois, bien que ce concept soit présent dans la théorie du droit international, les auteurs s'y référant tiennent généralement son objectivisation pour illusoire, ou pour acquise – comme si la répétition incantatoire du terme pouvait permettre d'ancrer son existence dans la réalité et de la transformer en un fait tangible et concret. La notion de « communauté internationale » demeurant *in fine* dénuée de réel fondement juridique, comment a-t-elle dès lors pu s'imposer comme une entité allant de soi dans toutes les sphères des relations internationales ? Bien qu'il n'y ait pas lieu ici de chercher à statuer longuement sur la réalité ontologique de la « communauté internationale » ni de tenter d'en livrer une définition consensuelle, l'examen des cadres dans lesquels cette formule discursive est invoquée, voire mobilisée ou critiquée en tant qu'« acteur » des relations internationales contemporaines, s'impose préalablement à l'analyse de son rôle dans le cas particulier de la guerre à Gaza. L'intérêt du recours à cette notion réside-t-il dans l'image rassembleuse qu'elle induit en tant que mythe, en soi, sans réelle effectivité juridique[13] ? Ou dans un éventuel processus de personnification juridique qui reste toutefois limité[14] ? Ou encore, tient-il à la représentation spatiale que cette notion de cosmopolitisme suggère d'un espace mondialisé de discussion ?

La « communauté internationale », une fiction politique ?

Prégnante dans le sens commun, la notion de « communauté internationale » est beaucoup moins saillante dans le champ scientifique. Dans

---

su l'envisager suivant différents modèles revenant, à intervalles réguliers, jalonner la pensée doctrinale et politique. Voir notamment, pour les réflexions contemporaines, Chemiller-Gendreau, M., *Humanités et souverainetés – Essai sur la fonction du droit international*, Paris, La Découverte, 1995 ; Abi-Saab, G., « Wither the International Community ? », *European Journal of International Law*, vol. 9, n° 2, 1998, p. 248 et suiv. ; Klein, P., « Les problèmes soulevés par la référence à la "communauté internationale" comme facteur de légitimité », in Corten, O. et Delcourt, B. (dir.), *Droit, légitimation et politique extérieure : l'Europe et la guerre du Kosovo*, Bruxelles, Bruylant, 2000, p. 261-297 ; Simma, B. et Paulus, A. L., « The "International Community" : Facing the Challenge of Globalization », *European Journal of International Law*, vol. 9, n° 2, 1998, p. 266 et suiv.

[13] Cahin, G., « Apport du concept de mythification aux méthodes d'analyse du droit international », *Mélanges offerts à Charles Chaumont*, Paris, Pedone, 1984, p.112.

[14] Dupuis, R.-J., « Communauté internationale et disparités de développement », *Recueil des Cours de l'Académie de Droit International de La Haye*, tome 165, 1979-IV, p. 220.

sa vocation d'étudier scientifiquement les sociétés humaines et les faits sociaux, la sociologie a naturellement été amenée à se pencher sur le concept de « communauté ». Certes, un recours mécanique aux outils sociologiques apparaît rapidement inadéquat pour comprendre le système international, notamment en raison du décalage quant à l'objet de l'étude scientifique, dans la mesure où le fondement de la communauté internationale peut difficilement s'expliquer par un sentiment d'appartenance, par des liens de sang, d'habitude ou de tradition. Toutefois, le point de vue de la sociologie pragmatique[15] s'avère quant à lui éclairant, à propos notamment des instances juridiques ou morales invoquées par les mobilisations internationales.

Les tenants de la sociologie pragmatique partent du principe que la communauté internationale constitue une fiction politique dans le sens où elle connote un effort kantien de dépassement moral[16]. Cette entité fonctionnerait dès lors comme un idéal régulateur de rapports de forces en permettant un minimum d'épreuves de légitimité. Bien qu'insistant sur le caractère non inédit de l'idée de communauté internationale, la sociologie pragmatique lie la réémergence de cette fiction aux tentatives de dépassement des fractures Est-Ouest et Nord-Sud, dont le contexte post-guerre froide a favorisé la résurgence. Envisagé dans le cadre classique de la philosophie politique, l'appel à la communauté internationale instituerait dès lors, selon un schéma durkheimien[17], une instance morale supérieure à ses parties, non pour autant réductible à une instance officielle telle que l'Onu, ni à une quelconque organisation internationale telle que l'Organisation mondiale du commerce (OMC), l'Organisation mondiale de la santé (OMS) ou encore le Fonds monétaire international (FMI). Plus que la somme des États reconnus comme tels, la communauté internationale constituerait une « entéléchie morale »[18].

Partant de l'existence d'un principe directeur, au sens aristotélicien du terme[19], la notion de communauté induit par ailleurs implicitement

---

[15]   Nachi, M., *Introduction à la sociologie pragmatique. Vers un nouveau style sociologique ?*, Paris, Armand Colin, coll. « Cursus », 2006.

[16]   Kant, E., *Vers la paix perpétuelle. Que signifie s'orienter dans la pensée ? Qu'est-ce que les Lumières ?*, Paris, GF Flammarion, 1991, p. 83-97.

[17]   Durkheim, É., *De la division du travail social*, Paris, Quadrige/Presses Universitaires de France, 1994.

[18]   Voir Chateauraynaud, F., « Une entéléchie d'après la guerre froide. Note sur les modes d'existence de la communauté internationale », *École des Hautes Études en Sciences Sociales, Groupe de Sociologie Pragmatique et Réflexive* (GSPR), Document de travail, juillet 2002.

[19]   Aristote, *De l'âme*, Paris, Gallimard, 1994.

une dialectique intégration/exclusion[20]. Engageant l'idée d'une inclusion à travers le partage de valeurs communes, elle crée symétriquement une constante possibilité d'exclusion : tout membre (État ou groupe) peut être mis à l'index ou rappelé à l'ordre à l'occasion d'événements et de crises (voir Israël, début 2009), sinon être plus ou moins durablement « placé au ban » de cette communauté internationale. Celle-ci apparaît ainsi moins comme une forme de gouvernement supra-étatique susceptible de vider les États de leur souveraineté et autonomie politiques, que comme une instance fournissant un espace de représentation à partir duquel chaque État peut se voir appliquer un «principe de responsabilité »[21].

Ainsi appréhendée, la référence à la communauté internationale n'apparaît plus uniquement rhétorique. La forte occurrence, dans le corpus étudié, de formules critiques telles que « c'est irresponsable », « ce n'est pas responsable » ou encore « tenir pour responsable » en témoigne. Se référer à la fiction que représente la communauté internationale répond à la nécessité d'englober tous les actes, allant de la vigilance à la condamnation, en passant par l'alerte et la critique, résultant d'un comportement jugé illégitime. Dans la mesure où elle fournit l'instrument d'évaluation du degré de responsabilité assumé par chacun des États, elle tendrait à jouer le rôle d'une instance fictive contraignant des acteurs divers à la mobilisation et évitant de laisser les interventions au seul arbitraire des jeux d'intérêt.

La « communauté internationale », une arène politique ?

Cette lecture « normative » se heurte toutefois constamment à l'épreuve des faits et de la *Realpolitik*. Mentionnée tous azimuts dans les débats autour d'enjeux mondiaux relativement divers comme le nucléaire, la lutte contre des maladies endémiques ou encore le réchauffement climatique, la notion de « communauté internationale » est également mobilisée à l'occasion de la publication de rapports d'organisations non gouvernementales consacrés aux violations des Droits de l'homme dans le monde ou convoquée pendant les sommets de l'OMC, bien qu'elle surgisse avant tout à propos des conflits armés (en particulier lors des guerres du Golfe, de Bosnie, du Kosovo, de l'Afghanistan et de l'inextricable conflit israélo-palestinien). Continûment invoquée dans les discours diplomatiques, militants ou médiatiques, volontiers utilisée en droit international, la notion de « communauté internationale » ne reçoit que peu l'assentiment des théoriciens des Relations internatio-

---

[20] Badie, B. et Smouts, M.-C., *Le retournement du monde. Sociologie de la scène internationale*, 3e édition, Paris, Dalloz-Les Presses de Sciences Po, 1999, p. 179.

[21] Villalpando, S., *L'émergence de la communauté internationale dans la responsabilité des États*, Paris, Presses Universitaires de France, 2005.

nales. Ces derniers, soit lui substituent la « société internationale » à l'instar de l'École anglaise, soit cantonnent la notion à une vision régionaliste sectorielle (voir « communauté de sécurité » de Karl Wolfgang Deutsch[22]) ou à un horizon utopique (voir « communauté dialogique » de Andrew Linklater [23]), ou encore l'ignorent complètement selon le modèle des néo-réalistes. Dans la droite ligne de la stigmatisation opérée par Edward Hallett Carr [24] identifiant la notion de « communauté internationale » à un discours idéologique au service des intérêts nationaux des puissances favorables au maintien de l'ordre existant, les critiques récentes les plus pertinentes tendent à réduire cette notion de communauté à une machine à exclure ceux qui sont différents des membres la composant – tels que les États non libéraux face aux États libéraux. Même présentée sous un jour libéral, cette dernière serait constamment utilisée à des fins idéologiques discriminatoires favorisant, en dernier ressort, l'hégémonie des grandes puissances[25].

En prêtant à cette entité un rôle crucial dans les tentatives de cadrage et de traduction des rapports de forces en rapports de légitimité au niveau mondial, la sociologie pragmatique lui reconnaissait une « existence » *sui generis*, démontrant une forme de « personnalisation » croissante. Cette tendance à la personnification de la communauté internationale et la pluralité de ses modes d'existence transparaissent formellement dans le corpus d'analyse des quatre quotidiens étudiés. L'expression de « communauté internationale » y apparaît en effet de façon récurrente en position de sujet, au sens grammatical du terme, doté de capacités d'action, de jugement, voire d'émotion[26] : personnifiée, les actions qui lui sont le plus communément imputées fluctuent ainsi entre la mobilisation et la prise de décision, dans des situations qui l'apparentent plus directement à l'Onu (« La communauté internationale qui choisit de boycotter la formation islamiste »[27] ; « Réclamé depuis le

---

[22] Deutsch, K. W., *Political Community and the North Atlantic Area*, Princeton, Princeton University Press, 1957.

[23] Linklater, A., *The transformation of political community : ethical foundations of the post-Westphalian era*, Oxford, Polity Press, 1998.

[24] Carr, E. H., *The Twenty Years Crisis*, New York, Harper & Row, 1964.

[25] Kennedy, D., « The Disciplines of International Law and Policy », *Leiden Journal of International Law*, vol. 12, n° 1, 2000, p. 9 et suiv.

[26] Ce phénomène est notamment prégnant dans *La Libre Belgique*, comme l'illustre cet extrait de l'édition du 29 décembre 2008, jour de l'entrée en guerre effective d'Israël : « Et pour l'heure, la ministre des Affaires étrangères, Tzipi Livni, qui a multiplié les contacts avec les chancelleries étrangères ce week-end, estime qu'en dépit des condamnations de mise, la communauté internationale "comprend" les motivations d'Israël ».

[27] « Le Hamas n'a cessé de gagner en puissance depuis sa création, au début de la première Intifada », *Le Monde*, 30 décembre 2008.

9 janvier par une résolution du Conseil de sécurité des Nations unies, et par une bonne partie de la communauté internationale, un cessez-le-feu a enfin été instauré ce dimanche »[28]), la réaction émotionnelle, l'assimilant dans ce cas davantage à l'opinion (« La communauté internationale "comprend" les motivations d'Israël »[29], « Le Hamas triomphe, la communauté internationale désespère »[30]), et la reconnaissance des droits, des efforts, des situations d'urgence (« La communauté internationale trouvera les ressources politiques nécessaires pour faire appliquer ce qui n'est jamais que le droit de chaque peuple à vivre en paix dans des frontières sûres et reconnues »[31]).

De multiples formules liant la communauté internationale à une action traduisent en réalité des exigences ou des impératifs (« La communauté internationale doit assumer sa responsabilité en sauvant Gaza d'un désastre humanitaire »[32]). Ces critiques, plus ou moins explicites, pointent à rebours l'ampleur de sa « non action », dont il s'agit également d'identifier les logiques sous-jacentes. Dans le corpus d'unités d'information, l'inaction de la communauté internationale est généralement justifiée par des motifs imprécis tels que l'indifférence, l'aveuglement ou la démobilisation (« Chaque jour qui passe dans la bande de Gaza apporte son lot de civils écrasés sous la machine de guerre israélienne, dans l'indifférence de la communauté internationale »[33]). Mais elle est parfois ouvertement présentée comme la résultante d'une soumission aux intérêts des grandes puissances – en particulier des États-Unis (« Une instrumentalisation de la communauté internationale »[34]). Ce dernier constat invite par ailleurs à se poser la double question de la légitimité des institutions internationales incarnant cette communauté et, *ipso facto*, de l'effectivité de la mise en œuvre de la norme, soit le droit international humanitaire.

In fine, l'indétermination et la fluctuation sémantiques qui caractérisent la notion de « communauté internationale » l'apparentent à un concept fourre-tout, indéfiniment et aisément mobilisable. Les discours

---

[28] « Cessez-le-feu fragile à Gaza, Israël et le Hamas s'engagent », *Le Soir*, 19 janvier 2009.

[29] « Israël veut éviter un "piège à la Hezbollah" », *La Libre Belgique*, 29 décembre 2008.

[30] « Le Hamas triomphe, la communauté internationale désespère », *Le Figaro*, 21 janvier 2009.

[31] « Barack Obama évite une prise de position trop marquée sur Gaza », *Le Monde*, 30 décembre 2008.

[32] « Le cri d'alarme de Suzanne Moubarak », *Le Figaro*, 8 janvier 2009.

[33] « Guerre de Gaza : l'ONU dénonce une "crise humanitaire totale" », *Le Monde*, 8 janvier 2009.

[34] « L'armée israélienne sur trois fronts », *Le Monde*, 30 décembre 2008.

officiels – essentiellement européens et continentaux – présentent généralement la communauté internationale comme un acteur international clé et réactivent *de facto* le multilatéralisme comme mode d'action privilégié des relations internationales[35]. Là où ces discours politiques tendent de concert à créditer la mise en œuvre des principes de coopération et de responsabilité collective, notamment en matière de sécurité[36], les discours médiatiques pointent à rebours l'ineffectivité patente des processus de décision multilatéraux. Rejoignant globalement ce constat auquel certains associent celui d'une dilution des responsabilités politiques[37], les discours académiques y identifient aujourd'hui plus ouvertement le « décisionnisme » impérialiste masqué de certaines résolutions onusiennes[38]. Tendant *a contrario* à réifier la communauté internationale, ils dépeignent son action/inaction sous les traits classiques d'un instrument, voire d'un levier, au service des puissances dominantes. Dès lors, à l'instar de la sociologie moderne, il convient de considérer dans cet ouvrage la notion de « communauté internationale » comme un « idéal type », une construction rationnelle, à vocation heuristique, ne trouvant aucune manifestation pure dans la réalité concrète des organisations sociales.

---

[35] Roche, J.-J., *op. cit.*, p. 46-48.

[36] Barrea, J., *Théories des relations internationales. De l'« idéalisme » à la « grande stratégie »*, Louvain-la-Neuve, Érasme, 2002.

[37] Voir notamment Pouligny, B., « La "communauté internationale" face aux crimes de masse : les limites d'une "communauté" d'humanité », *Revue Internationale de Politique Comparée*, vol. 8, n° 1, 2001, p. 105.

[38] Voir notamment Moreau Defarges, P., *op. cit.*, p. 9 ; Joxe, A., « L'humanitarisme au service de l'empire », *Manière de voir*, n° 107, octobre-novembre 2009, p. 45-49.

CHAPITRE IV

La « répercussion du conflit », entre opinion publique et impact communautaire

L'opinion publique existe-t-elle ?

Parler de l'« opinion publique » est un réflexe langagier relativement courant. Mais que recouvre cette notion et quel est son poids, notamment en matière de politique étrangère ? Se résume-t-elle à la tendance qui se dégage d'une succession de sondages pré-électoraux ? Cette opinion publique est-elle manipulable ou manipulée ? Quelle relation entretient-elle avec les médias ? Ceux-ci sont-ils les relais de l'opinion publique ou davantage celui du pouvoir politique ? Exercent-ils un pouvoir de mobilisation à l'égard de celle-ci ? La couverture médiatique de la guerre à Gaza a connu bon nombre de références *a priori* afférentes à l'opinion publique : sondages, manifestations, débats, médias, groupes d'acteurs particuliers. L'usage médiatique de ce concept correspond-t-il toutefois aux normes politologiques ? Tel sera l'objet de ce chapitre.

Tout d'abord, il convient de recenser de façon exhaustive les différentes expressions médiatiques du concept d'opinion publique présentes dans le corpus étudié : « La pression de l'opinion publique est trop forte »[1] ; « En second lieu, on note que l'opinion publique occidentale est de moins en moins favorable à la cause israélienne »[2] ; « Les réactions de l'opinion publique mondiale – médias, diplomates, autorités morales et politiques »[3] ; « La campagne contre le Hamas soutenue à 78 % de l'opinion publique israélienne, selon un sondage du quotidien Haaretz »[4] ; « En Israël, la classe politique et l'opinion publique »[5].

---

[1] « Israël est prêt à intervenir dans la bande de Gaza », *Le Monde*, 28-29 décembre 2008.

[2] « L'attaque israélienne affaiblit Mahmoud Abbas », *Le Monde*, 3 janvier 2009.

[3] « Une riposte excessive ? Pourquoi l'opinion mondiale a tort de juger les réactions israéliennes "disproportionnées" », *Le Monde*, 7 janvier 2009.

[4] « La reconstruction au menu du dîner réunissant Kouchner et Blair », *Le Figaro*, 16 janvier 2009.

[5] « "Crimes de guerre" : Israël prépare sa défense », *Le Figaro*, 24-25 janvier 2009.

L'idée que l'opinion publique puisse être considérée comme ayant une véritable existence dans la prise de décision ou dans la société n'a pas été acquise *de facto*. Au début du XXe siècle, les scientifiques américains bercés par le courant réaliste ont décrié l'opinion publique, la réduisant à une compilation disparate d'émotions de la population face à des événements internationaux. Selon cette vision réaliste et élitiste, la société dans son ensemble était incapable de comprendre la subtilité de la politique extérieure, réservée à l'élite. Cette lecture se voit renforcée par les premiers sondages d'opinion et études qui démontrent l'« igno-rance » et la « versatilité »[6] de la population, changeant d'opinion d'une période à l'autre. Complétant les recherches de Walter Lippmann ayant émis à l'époque ce double constat, Gabriel Almond[7] explique l'indifférence populaire à l'égard de la politique extérieure américaine par le fait que la population n'y retrouve aucun de ses centres d'intérêt, laissant ainsi le champ libre aux « initiés », aux élites. Les États-Unis n'ont toutefois pas le monopole de la déconsidération de l'opinion publique dans la politique étrangère. Le sociologue français Pierre Bourdieu considère, quant à lui, que l'« opinion publique n'existe pas »[8]. Il conteste essentiellement trois éléments dans les techniques de sondages d'opinion. Le premier est ce qu'il nomme l'« effet d'imposi-tion de problématique » qui consiste à interroger les gens sur des ques-tions qu'ils ne se posent pas. Le deuxième est la finalité des sondages qui visent, selon lui, « à imposer l'illusion qu'il existe une opinion publique comme sommation purement additive d'opinions individuelles, à imposer l'idée qu'il existe quelque chose qui serait comme la moyenne des opinions ou l'opinion moyenne »[9]. Le dernier élément qu'il critique est le rôle du sondage dans la mesure où il constitue, *in fine*, la légitima-tion d'une politique.

L'opinion publique n'est toutefois pas réductible aux seuls sondages d'opinion. En effet, qu'en est-il des manifestations, des mobilisations citoyennes, des grèves et autres protestations populaires ? Pour Patrick Champagne[10], qui critique les sondages au même titre que Bourdieu, ces mouvements d'humeur constituent les seules véritables expressions de l'opinion publique impliquant directement les individus, contrairement à

---

[6] Voir à ce propos Lippmann, W., *Public Opinion*, New York, Harcourt Brace Javanovich, 1922.

[7] Almond, G., *The American People and Foreign Policy*, New York, Harcourt Brace Javanovich, 1950.

[8] Bourdieu, P., « L'opinion publique n'existe pas », in Bourdieu, P. (dir.), *Questions de sociologie*, Paris, Éditions de Minuit, coll. « Reprise », 2002.

[9] *Ibidem*, p. 222.

[10] Champagne, P., *Faire l'opinion. Le nouveau jeu politique*, Paris, Éditions de Minuit, 1990.

l'opinion filtrée telle qu'elle s'exprime par le truchement des enquêteurs. Les répercussions des conflits internationaux de ces vingt dernières années démontrent que jauger l'opinion publique ne se limite plus exclusivement à mener les sondages d'opinion, comme le définissait alors George Gallup. La nouvelle vague que connaît l'étude de l'opinion publique à la fin des années 1980 va désormais considérer cet acteur et le problème de sa versatilité en lien avec la diffusion de l'information et avec la succession d'informations relatant des événements différemment. « Les changements d'attitude constatés ne relèvent pas [...] du hasard, mais correspondent à un changement de contexte, notamment à l'apparition d'informations nouvelles »[11]. Le traitement médiatique d'un événement ayant partie liée avec la mobilisation de l'opinion publique influence l'interprétation de ce que la présente analyse considère génériquement comme la « répercussion du conflit ». En mettant l'accent sur des thématiques sensibles aux yeux de la population telles que « la victimisation », « la personnification » ou encore « l'émotion humanitaire », les médias possèdent une capacité de mobilisation immédiate. En prenant pour exemple la « victimisation », schème récurrent dans le corpus médiatique étudié, force est de constater que les journaux de centre/centre-gauche ont particulièrement tendance à recourir à cette thématique, à travers l'usage de termes relevant du même espace sémantique comme « victimes », « morts », « tués » ou encore « blessés ». Proportionnellement, *Le Monde* est le quotidien qui use le plus des mots comme « morts » (deux occurrences), « tués » (six), « victimes » (deux) ou « blessés » (une) dans ses titres consacrés à la guerre à Gaza[12]. En valeurs absolues, il comptabilise dans sa titraille (titres et sous-rubriques) onze références à la « victimisation » du conflit, là où *Le Figaro* n'y réfère que quatre fois et, enfin, *Le Soir* et *La Libre Belgique* respectivement à douze et onze reprises.

À ce stade se pose toutefois la question de la définition et de l'existence effective de l'opinion publique. Pour Dominique Reynié, il convient de la distinguer d'autres formes de rassemblement[13] telles que « la multitude », « la foule », « la population », « la classe sociale », « le peuple », « la race », « la nation », « le public » ou « l'électorat ». Selon lui, l'opinion publique n'est pas une mais multiple ; elle est l'association

---

[11] La Balme, N., *Partir en guerre. Décideurs et politiques face à l'opinion publique*, Paris, Autrement, coll. « Frontières », 2002, p. 30.

[12] Contre respectivement une, deux, aucune et une occurrence pour *Le Figaro* ; trois, quatre, une et quatre occurrences pour *Le Soir* et pour *La Libre Belgique* deux, trois, deux et quatre occurrences.

[13] Reynié, D., « L'opinion publique comme ordre public démocratique », in Bréchon, P., *La gouvernance de l'opinion publique*, Paris, L'Harmattan, coll. « Logiques Politiques », 2003, p. 39.

d'« une catégorie psychosociologique (l'opinion) à une forme sociale (le public) dans un processus (la publicité) »[14]. De plus, elle varie en fonction de ses vecteurs de communication, ce qui la rend unique par sa forme d'expression propre à chaque époque[15] : les manifestations, l'Internet, les médias, etc. Elle donne également, grâce à sa conception et sa cible – le pouvoir politique, dans le cas présent –, une légitimité à l'organe qu'elle conteste mais auquel elle « prête un pouvoir d'intervention et de régulation et dont on reconnaît conséquemment l'autorité »[16]. Renforçant cette idée, Reynié insiste sur le fait que l'opinion publique, en démocratie, « s'impose comme une figure familière, en devenant une ressource politique ordinaire propre à légitimer ou délégitimer une action, une parole ou une figure publique »[17]. Quant aux intervenants dans les débats médiatiques ou aux journalistes recensés, ils parlent d'une opinion publique assimilable aux médias : « médias, diplomates, autorités morales et politique »[18]. Il est toutefois difficilement justifiable de considérer les médias comme relevant de cette dernière. Au mieux, ils constituent le vecteur d'une certaine forme de l'opinion publique. Natalie La Balme insiste sur le fait que les « *mass media*, se situant entre les acteurs politiques et le public, remplissent cependant la fonction de sondeurs d'opinion », sans négliger le fait que « les médias ne sont pas l'opinion publique »[19]. La confusion résulte non seulement de ce rôle d'intermédiaire que jouent les médias entre politique et public, mais également des amalgames tantôt des médias avec le public – lecture véhiculée par les décideurs politiques[20] –, tantôt des médias avec le politique – idée d'un complot des élites[21].

L'opinion publique ou les décideurs politiques, qui gouverne ?

Dans *Rational Public*, Benjamin Page et Robert Shapiro[22] relèvent que l'opinion publique est touchée par le discours et les informations qui

---

[14]   *Ibidem*, p. 40.

[15]   Debray, R., *Introduction à la médiologie*, Paris, Presses Universitaires de France, 2000.

[16]   Reynié, D., *op. cit.*, p. 40.

[17]   *Ibidem*, p. 41.

[18]   « Une riposte excessive ? Pourquoi l'opinion mondiale a tort de juger les réactions israéliennes "disproportionnées" », *Le Monde*, 7 janvier 2009.

[19]   La Balme, N., *op. cit.*, p. 86.

[20]   Voir notamment La Balme, N., *op. cit.* ; Debray, R., *Loués soient nos seigneurs. Une éducation politique*, Paris, Gallimard, 1996.

[21]   Voir notamment Morel, S., « Y a-t-il une conspiration des élites contre l'opinion publique ? », in Bréchon, P., *op. cit.*, p. 81-85.

[22]   Page, B. et Shapiro, R., *The Rational Public*, Chicago, University of Chicago Press, 1992.

proviennent tant du politique que des experts ou des médias. Ils insistent, d'une part, sur le fait que la règle est la stabilité de l'opinion publique et le changement, l'exception[23] et, d'autre part, sur la corrélation récurrente entre l'information disponible et l'attitude de la population. Partant de ce constat, deux approches peuvent être distinguées. La première revient à considérer que l'individu est capable de se construire ou de se bricoler[24] une opinion – même si elle fluctue –, sans pour autant devoir mobiliser un grand nombre d'informations. Ce bricolage passe également par l'association de clichés, stéréotypes et représentations de la réalité[25] à un certain type d'événements internationaux, comme un conflit ou à un certain type d'acteurs comme un État, une multinationale, une organisation non-gouvernementale (ONG), etc. Complémentaire, la seconde approche prend en compte, dans la construction de l'opinion, l'influence des élites ou, à tout le moins, la relation qu'entretiennent l'individu, le public et les élites. S'appuyant sur les travaux relatifs à la persuasion politique, cette approche montre que le public et les individus ne sont pas indifférents aux prises de positions de leurs élites politiques : en ce sens, si les partenaires politiques atteignent le consensus (*mainstream*[26]) en temps de crise – et de surcroît, en temps de guerre –, le peuple approuvera la décision. *A contrario*, si les oppositions se cristallisent lors des débats politiques, le peuple et l'opinion publique auront la même tendance à la conflictualité. Dans le cas des sondages d'opinion, et plus particulièrement dans l'étude du cas israélien qui nous occupe, concernant la perception des citoyens de la guerre à Gaza, les statistiques permettent « de mesurer la richesse de la nation, ce qui est encore une façon de mesurer la puissance de l'État »[27]. L'exemple de la guerre à Gaza illustre dès lors l'influence du politique sur le public. En effet, la comparaison des réactions de l'opinion publique à la deuxième guerre du Liban, d'un côté, et à la guerre à Gaza, de l'autre, dévoile deux attitudes différenciées face à une situation de guerre. Pour la première, elle est apparue très divisée, soutenant et critiquant les positions prises par les leaders politiques. Cette division se marque également sur la scène politique en ce qui concerne la question de l'intervention et ses répercussions. Par contre, l'unanimité politique israélienne autour de l'intervention à Gaza se ressent également au sein de l'opinion publique nationale, à travers le soutien aux troupes et l'appui des choix politiques. Malgré les craintes de la « troïka israé-

---

[23] La Balme, N., *op. cit.*, p. 31.

[24] Gerstlé, J., « Gouverner l'opinion publique », in Bréchon, P. *op. cit.*, p. 21.

[25] Braud, P., *Sociologie politique*, 7e édition, Paris, LGDJ, coll. « Manuel », 2004.

[26] Gerstlé, J., *op. cit.*, p. 22.

[27] Reynié, D., « Mesurer pour régner », in Wolton, D., *L'opinion publique*, Paris, CNRS Éditions, coll. « Les essentiels d'Hermès », 2009, p. 40.

lienne » – Livni et Barak souhaitaient stopper les opérations tandis que Olmert voulait entamer la troisième phase de l'offensive –, le nombre de victimes dans la bande de Gaza et les critiques internationales, la position de l'opinion publique israélienne n'a pas changé endéans les vingt jours de conflit. La puissance de l'État a, dans ce cas, été renforcée et soutenue par la population dans sa grande majorité[28].

À présent, il reste à déterminer si l'opinion publique influence – et, le cas échéant, dans quelle mesure – la décision en politique extérieure, comme l'indique Régis Debray, au travers du « petit écran, [de] la radio et [de] la presse »[29] ou si, *a contrario*, elle est absente de la décision. La réalité n'étant jamais une et indivisible, il convient de nuancer le propos en considérant que l'opinion publique peut influencer les décideurs politiques dans leurs choix en politique étrangère et que cette influence dépend également de la personnalité de ces mêmes décideurs. L'imperméabilité n'est pas totale, comme le souligne La Balme, et les politiques « tentent non seulement d'anticiper les éventuelles réactions négatives que pourraient susciter leurs actes, mais savent aussi que l'opinion peut être tantôt incitative, tantôt intimidante »[30]. Les craintes de Livni ou de Barak – qui plus est candidats aux élections législatives israéliennes – de perdre le soutien de l'opinion publique ont des répercussions sur leurs choix politiques, notamment, sur le fait de ne pas avoir mis en œuvre la troisième phase de l'offensive à Gaza – défendue par l'armée israélienne et Olmert, qui prônent le déploiement de réservistes pour soutenir les troupes au sol et accentuer la pression sur le Hamas et la population de Gaza.

Qu'en est-il de l'« opinion publique internationale » ?

Si, comme l'avance Reynié, l'espace public européen ne permet pas de pointer clairement l'existence d'une opinion publique européenne, comment pourrait-il en être autrement d'une éventuelle opinion publique internationale ? Et surtout, le cas échéant, comment celle-ci pourrait-elle être définie ? L'argument selon lequel les médias représenteraient cette opinion – sous-entendant que ces derniers possèdent une opinion, voire une opinion commune – ne tient pas sous peine de considérer parallèlement que l'opinion est mondiale mais également commune sur une même thématique, ce qui est difficilement concevable – au même titre que la communauté internationale analysée précédemment. Si les médias s'appuient souvent sur la tenue de mobilisations « à travers le

---

[28] Près de 80 % de la population israélienne, selon un sondage du *Haaretz*, et près de 90 %, selon un sondage de *Maariv*. Voir *Le Monde* du 5 janvier 2009 et 16 janvier 2009.

[29] Debray, R., *L'État séducteur*, Paris, Gallimard, 1993, p. 179.

[30] La Balme, N., *op. cit.*, p. 57.

monde » pour définir et justifier l'existence d'une opinion mondiale, c'est que « le monde » est généralement réduit dans les quotidiens étudiés à quelques pays européens, du Maghreb et du Moyen-Orient. Dans le corpus analysé, les manifestations sont de surcroît surexploitées et dès lors survalorisées par les médias, donnant une impression de constance à une mobilisation qui s'avère en réalité diffuse et limitée en taille, dans le temps et dans l'espace[31]. Pour Stéphane Morel, « la société civile occupe des positions au sein de l'espace public, qui ne saurait être réduit à l'espace médiatique »[32] – nous dirons même qu'il ne peut être confondu à l'espace médiatique et l'espace de l'information. En effet, cette dernière constitue le matériau de construction de l'opinion, dans le sens où il permet à chacun de bricoler sa propre opinion ; ce bricolage est mis à mal dès le moment où l'information n'est plus qu'opinion. Dès lors, parler d'une opinion publique internationale revient en quelque sorte à valider une idée, une image, une perception, un jugement de valeur sur un événement qui renforce l'argumentation du quotidien, sans jamais pouvoir apporter une preuve tangible de l'existence de cette opinion.

De plus, considérer que les médias n'ont aucune influence sur l'opinion individuelle ou publique est une illusion. La nature particulière du cadrage médiatique produit une information diluée avec une tendance à la généralisation de la problématique[33] traitée, et ce, à travers sa diffusion de masse et les contraintes éditoriales (nombre de pages, nombre de sujets à traiter, etc.). Le constat établi à la lecture du traitement d'un événement international comme la guerre à Gaza permet parfaitement d'illustrer ce propos, comme le montre l'utilisation des termes « guerre » ou « conflit » (voir *supra*). La redondance de l'information, au même titre que le choix des mots, a une part d'influence dans le bricolage par les individus de leur « propre » opinion et perception de

---

[31] *Le Monde* met en évidence les mobilisations en mettant l'accent sur leur ampleur, de taille : « petite » en Espagne, en Italie, en Israël et aux Pays-Bas ; « moyenne » en Belgique et en Allemagne, « grande » en Turquie, en Tunisie, en France (particulièrement à Paris, avec d'importantes mobilisations) et à Nice, avec une mobilisation moindre mais violente) et au Royaume-Uni. *La Libre Belgique* met l'accent sur les mobilisations en Belgique (Anvers, Heusden Zolder et Bruxelles), en France, au Royaume-Uni, en Cisjordanie et relève les différentes manifestations de faible intensité dans le monde : au Liban, en Jordanie, en Égypte, en Irak, en Tunisie, au Japon, à Jérusalem-Est et en Afrique du Sud. *Le Soir* limite l'énumération des mobilisations au Liban, à la Cisjordanie, à la Belgique (Bruxelles et Anvers) et à la France. *Le Figaro* est le quotidien qui couvre le plus largement les mobilisations à travers le monde (Cisjordanie, Turquie, Égypte, Liban, Maroc, Tunisie, Iran, Allemagne, Royaume-Uni, Espagne, Italie, France, Indonésie, Canada et Australie).

[32] Morel, S., *op. cit.*, p. 85.

[33] Gerstlé, J., *op. cit.*, p. 27-28.

l'événement. La façon dont ce dernier est traité, c'est-à-dire au moyen d'informations de première main glanées par une batterie de journalistes dépêchés sur place et de la production quotidienne d'articles, contribue à construire une perception particulière de l'individu ou de la collectivité par rapport à l'actualité, au contraire d'une information diluée dans une série d'autres événements internationaux d'intensité similaire.

Pour autant, l'information et la manière dont elle est traitée et présentée par les médias modifient-elles radicalement les perceptions du public et des individus ? La réponse doit à nouveau être nuancée. Pour Jacques Gerstlé, « l'information ne modifie pas la connaissance mais altère le mécanisme de jugement »[34]. Il convient de tenir compte de l'importance de la temporalité dans le traitement médiatique d'un événement : l'information diffusée lors de son déroulement peut en livrer une vision dichotomique, alors que le recul en donnera une interprétation plus balancée, et inversement. Force est également de constater que la source de l'information qu'utilisent les citoyens pour construire leur opinion de la situation a également toute son importance et que le traitement médiatique d'un quotidien n'est pas l'équivalent d'un autre (voir *supra*). « En d'autres termes, si les attitudes du public paraissent parfois changeantes, il faut savoir que la cause en réside très probablement dans les sources d'information auxquelles il est exposé »[35]. Cependant, même si l'opinion publique est influencée d'une manière ou d'une autre par l'information qu'elle reçoit, elle ne suffit pas à expliquer, à elle seule, les mobilisations françaises, belges et européennes. *In fine*, il importe de ne pas négliger au sein de l'opinion publique analysée la proportion d'émotions et la construction de préjugés – certes, parfois, alimentées par les médias – issus des communautés qui composent l'État, donnant au conflit une tonalité particulière.

Une lecture communautaire du conflit

Le questionnement auquel se livre Denis Sieffert sur l'hypersensibilité du débat entourant le conflit israélo-palestinien en France met en exergue l'influence de trois facteurs ou groupes de facteurs prépondérants. Partant de l'analyse de la démographie, de la sociologie et de la culture[36] des États européens et de la présence de communautés juive et musulmane, Sieffert constate premièrement que ces deux dernières sont en France les plus représentées d'Europe. Les estimations du rapport du Haut Conseil à l'intégration sur l'*Islam dans la*

---

[34]   *Ibidem*, p. 28.
[35]   La Balme, N., *op. cit.*, p. 44.
[36]   Sieffert, D., in Ralite, J., *op. cit.*, p. 13.

République[37] pointe la présence au sein de l'État français de quatre à cinq millions de musulmans, d'origines diverses : sont recensés parmi ceux-ci près de trois millions de musulmans d'origine maghrébine (Algérie, Maroc et Tunisie), quelque cent mille originaires du Moyen-Orient et autant d'Asiatiques, plus de trois cents mille d'origine turcque, environ deux cent cinquante mille musulmans d'Afrique noire, quelque quarante mille convertis, ainsi que trois cent cinquante mille demandeurs d'asile et clandestins et, enfin, cent mille « autres ». Concernant la communauté juive en France, elle est aujourd'hui estimée entre cinq et six cents mille effectifs. Sieffert opère toutefois une distinction entre les liens de filiation que les juifs de France entretiennent avec les Israéliens ou juifs d'Israël, et les musulmans de France qui n'ont pas – ou en minorité – de lien familial avec les Palestiniens d'Israël, de Gaza ou de Cisjordanie, par exemple. Pour les premiers, Sieffert insiste sur le côté filial de la relation[38]. Pour les seconds, Français pour la majorité, originaires du Maghreb ou issus de la première, deuxième ou troisième génération d'immigrés maghrébins, la relation est définie comme culturelle : « [c'est] un sentiment de fratrie, un sentiment commun d'arabité »[39]. Comme le démontrent les estimations de la population musulmane en France, seuls cent mille d'entre eux seraient originaires du Moyen-Orient. Le deuxième facteur de la relation particulière entre la France et le conflit israélo-palestinien repose sur l'histoire de France : le colonialisme de Napoléon Bonaparte à la Première Guerre mondiale, sans oublier la rivalité britannique concernant ce territoire. Mais, au-delà, il ne faudrait pas minimiser l'impact de la Seconde Guerre mondiale et, en particulier, de la Shoah, qui ont radicalement changé la représentation de la communauté juive en Europe. Aujourd'hui encore, le négationnisme et l'antisémitisme demeurent des sujets extrêmement délicats et sensibles, comme le démontrent les procès en France sanctionnant les propos de Jean-Marie Le Pen et de Dieudonné ou encore la législation condamnant tout propos négationniste dont s'est dotée la Belgique depuis 1995. L'antisémitisme n'est pas en reste, comme le souligne Michel Wieviorka qui s'interroge sur son retour[40] ou comme l'illustre la surenchère médiatique d'événements antisémites isolés. Le troisième et dernier facteur que Sieffert met en évidence sont les relations diplomatiques privilégiées

---

[37] Haut Conseil à l'intégration, *L'Islam dans la République*, Paris, La Documentation française, coll. « Rapports officiels », 2000.

[38] Sieffert, D., in Ralite, J., *op. cit.*, p. 13.

[39] *Ibidem*, p. 14 ; Rodinson, M., *Les Arabes*, Paris, Presses Universitaires de France, 1979.

[40] Wieviorka, M., *L'antisémitisme est-il de retour ?*, Paris, Larousse, coll. « À dire vrai », 2008.

que la France entretient traditionnellement avec l'État d'Israël (voir *infra*).

En Belgique[41], au regard des critères développés par Sieffert, la situation est assez similaire à celle de la France. L'Islam est également la deuxième religion du pays comptant, selon les sources, entre deux cent cinquante et quatre cent mille musulmans. Cette communauté est essentiellement composée de membres d'origine marocaine et turque, principalement en raison de l'immigration économique des années 1960[42]. Elle compte en outre, toujours selon les sources, entre dix et cinquante mille Belges convertis à l'Islam. Quatrième religion représentée en Belgique, la communauté juive compte, quant à elle, quelque quarante mille membres et est également fortement diversifiée[43].

Il importe toutefois de dépasser cette lecture culturaliste qui, en l'état, tend à structurer et à cristalliser les positions respectives, apparentant systématiquement les juifs de France ou de Belgique à des pro-israéliens et les musulmans français et belges à des défenseurs de la cause palestinienne. La situation est en réalité beaucoup plus complexe et moins figée, tant en France qu'en Belgique et, plus généralement, en Europe. Des dissensions existent au sein des communautés sur les causes, répercussions, justifications ou facteurs de légitimation du conflit, tout comme elles se manifestent au sein de la société dans son ensemble. Loin d'être homogènes, les communautés juive et musulmane affichent en leur sein des sensibilités très différentes, voire radicalement opposées. La communauté juive compte de multiples visages allant des juifs laïcs ou des « juifs de Kippour » – ces derniers ne se rendant dans un lieu de culte que lors du Kippour, jour du Grand Pardon –, aux juifs du mouvement libéral qui cherchent à concilier tradition et adaptation de la pratique du culte ou aux juifs ultra-orthodoxes, les Loubavitch. La communauté juive a donc potentiellement autant de lectures distinctes du conflit qui se joue au Proche-Orient qu'elle ne compte de strates. Il en va de même pour la communauté musulmane qui, telle une mosaïque identitaire, dénombre environ 1,2 milliards de membres dans le monde, d'obédiences multiples, diversifiées et relativement concurrentes[44]. Derrière une apparente unité de croyance et de rites, le monde musulman est en effet profondément fragmenté, tant sur le plan théologique,

---

[41] Torrekens, C., « Le pluralisme religieux en Belgique », *Diversité canadienne*, vol. 4, n° 3, 2005, p. 56-58.

[42] Dassetto, F., *La rencontre complexe : Occidents et Islams*, Louvain-la-Neuve, Academia-Bruylant, 2004.

[43] Voir notamment Govaert, S., « En Belgique, un conflit communautaire peut en cacher un autre », *Le Monde diplomatique*, juin 2004, p. 4-5.

[44] Pour de plus amples détails, voir Alili, R., *Qu'est-ce que l'islam ?*, Paris, La Découverte, coll. « La Découverte/Poche », 2004.

ethnique que culturel. La dispersion géographique de la diaspora constitue également un facteur explicatif du pluralisme de l'islam contemporain. La « raison d'État », telle qu'elle prévaut sur la scène régionale, et la définition le plus souvent ethnique ou sectaire des communautés diasporiques rendent malaisée toute prise de position politique consensuelle. En outre, derrière l'objectif commun du projet politique visant à réislamiser l'État et la société par l'instauration de lois islamiques de droit divin (*charia*) dans les différents pays musulmans, la mouvance islamiste se heurte quant à elle à l'opposition classique entre légalistes (ceux qui ont intégré le jeu politique légal dans un cadre national) et *djihadistes* (ceux qui ont recours à la violence terroriste et mènent un *djihad* global). Dès lors, par exemple, si les sympathisants des Frères musulmans, proches du mouvement Hamas à Gaza, condamnent unanimement l'action israélienne, une nouvelle génération née en Europe que d'aucuns qualifient d'« islam humaniste »[45], prônant le respect strict de l'environnement institutionnel et politique du pays d'accueil, affiche un discours davantage modéré quant à la guerre à Gaza. Les multiples appels au calme des communautés religieuses renforcent ce constat tant en France et en Belgique, qu'en Europe.

Enfin, il est à noter que la dimension identitaire ne peut exclusivement se résumer à une référence juive ou musulmane. Plurielle, l'identité est récupérée par les individus qui la recomposent indéfiniment, comme le souligne Amin Maalouf dans *Les identités meurtrières*[46]. Sont également plurielles les positions de chaque individu – qu'il soit juif, musulman, Arabe, Européen, Israélien, etc. – sur la question du bien-fondé des « guerres », « crises » ou « conflits ». Comme le souligne Sieffert, le rapport filial entre juifs de France et Israéliens n'empêche pas l'esprit critique et n'enlève rien aux débats[47]. Le constat reste similaire après la deuxième guerre du Liban lors de l'été 2006 : les habitants de Tel Aviv étaient très divisés sur l'opportunité et les fondements de l'intervention, d'aucuns pointant du doigt les besoins urgents de sécurité non plus militaire mais sociale, nécessitant des investissements en matière de politiques sociales, d'emploi, etc.

---

[45] Roy, O., *L'islam mondialisé*, Paris, Seuil, 2004, p. 113-124.
[46] Maalouf, A., *Les identités meurtrières*, Paris, LGF, coll. « Livre de Poche », 2001.
[47] Sieffert, D., in Ralite, J., *op. cit.*, p. 14.

CHAPITRE V

Un « État juif »[1], deux représentations

Le sionisme et la création de l'État[2]

Les prémisses du sionisme reposent sur une triple légitimité[3]. Politique, d'abord. Cette première forme de légitimité requiert un rapport étroit entre sionisme et peuple juif, afin d'assurer une reconnaissance interne. Juridique, ensuite. Cette deuxième légitimité passe par la reconnaissance des autres nations ; en ce sens, elle est donc externe à l'État juif. Philosophique, enfin. Une fois l'État d'Israël reconnu sur les plans intérieur et extérieur, cette ultime forme de légitimité requiert un questionnement sur la morale politique de l'État et son avenir.

Si l'origine de l'idéologie sioniste est à porter au crédit de Theodor Herzl (1860-1904), cet écrivain hongrois n'est pas le premier à considérer le cas du peuple juif (*Der Judenstaat – L'État des Juifs*, 1896). Moses Hess (1812-1875) et Leo Pinsker (1821-1891) en sont en réalité les précurseurs. Pinsker considérait les Juifs[4] dès la fin du XIXe siècle comme une nation : « Les Juifs ne sont pas une nation vivante. Ils sont partout étrangers. En conséquence, on les méprise. L'égalité civile et politique ne suffit pas à concilier aux Juifs l'estime des peuples »[5]. La doctrine herzlienne dépasse les approches de Hess et Pinsker, en développant le concept d'*unicité* historique du peuple juif : « Wir sind ein Volk, Ein Volk »[6]. Cette conception de l'État juif est récurrente dans son

---

[1] Cette partie a été rédigée avec la collaboration de Loredana Cucchiara, étudiante au Master en Relations internationales, Département de Science politique, Université de Liège.

[2] Voir, notamment, Herzl, T., *L'État des Juifs*, Paris, La Découverte, coll. « La Découverte/Poche », 2003.

[3] Klein C., « Essai sur le sionisme : de l'État des Juifs à l'État d'Israël », in Herzl, T., *op. cit.*, p. 113.

[4] Nous utiliserons le mot « Juif » avec une majuscule dans le cas d'une référence au peuple juif, renvoyant au sens d'ethnicité. Ce terme fait encore débat aujourd'hui, notamment, sur les questions relatives à une lecture laïque de la société israélienne juive et à la distinction entre le caractère religieux et laïc de l'État.

[5] Klein C., *op. cit.*, p. 116 ; voir également Pinsker, L., *Autoémancipation ! : Avertissement d'un Juif russe à ses frères*, 1re édition, Paris, Mille et une nuits, coll. « La petite collection », 2006.

[6] « Nous sommes un peuple, un peuple ».

analyse d'hier et d'aujourd'hui car l'unicité met en exergue la force symbolique de la relation entre la diaspora et les Israéliens. Toutefois, cette relation de proximité entre les deux pôles permet de décrypter la volonté politique d'unicité marquée dès sa création par le plan Dalet ou la volonté, aujourd'hui encore, de reconnaître et « exiger » une reconnaissance d'Israël comme État du peuple juif et démocratique (voir *infra*).

L'analyse et la construction du sionisme proposées par Herzl découlent essentiellement de sa lecture, en tant qu'Européen, de l'antisémitisme ambiant de l'époque, tant sur la scène politique[7] qu'au sein de la société civile. À la fin du XIXe siècle, les événements antisémites se multiplient en France et se propagent en Allemagne, en Autriche et en Russie. Ces répercussions se manifestent notamment dans la littérature de la fin de ce siècle, avec les deux tomes *La France juive*[8] et *La France juive devant l'opinion* en 1886 de Édouard Drumont qui réécrit l'histoire de la France à la lecture d'un grand complot juif et maçonnique, et jusque sur les scènes publique et politique suite à l'affaire Dreyfus.

Herzl perçoit alors la question juive comme une question nationale, régionale et locale au travers des mouvements migratoires des Juifs de l'Est vers l'Europe occidentale, des regroupements de la population et de l'urbanisation grandissante des Juifs dans les métropoles de l'époque, telles que Vienne. Claude Klein fait un double constat marqué par « un extraordinaire phénomène de rejet de ces masses juives : par les antisémites d'abord, mais également par les Juifs occidentalisés »[9]. Au travers de cette lecture herzlienne, le sionisme prend une toute autre dimension : il s'agit de sauver le peuple juif de l'antisémitisme et, pour cela, il convient de s'occuper de la classe pauvre juive venue de l'Est européen qui déstabilise la place des Juifs occidentalisés et de les intégrer dans les sociétés d'Europe de l'Ouest.

> Sa vision du peuple est celle d'une structure trinaire assez simple. Classes riches, classes moyennes (la plus nombreuse en Occident), masses pauvres de l'Est. L'antisémitisme moderne naît donc de la rencontre, en Occident surtout, de ces trois structures sociales. Mais, de ces trois structures, c'est évidemment la troisième qui est la cause des bouleversements les plus violents. C'est donc elle qu'il faut sauver, ce qui permettra aussi de sauver les autres[10].

---

[7]   Affaire Dreyfus et le « J'accuse » de Zola publié dans l'Aurore le 13 janvier 1898, reprise de la lettre adressée au président de la République française, Félix Faure.

[8]   Voir notamment Drumont, E., *La France juive devant l'opinion*, Paris, Déterna, 2009.

[9]   Klein, C., *op. cit.*, p. 125.

[10]   *Ibidem*, p. 133.

Ceteris paribus, d'aucuns ont vu dans le sionisme une volonté des Juifs occidentaux de se débarrasser de cette masse pauvre venue de l'Est.

Adolf Hitler donne un justificatif à la création de cet État puisque, avant la Shoah, la constitution d'un État israélien n'est pas à l'ordre du jour international – ni même régional. Les Britanniques s'y opposent, malgré la question juive qui se développe partout à travers l'Europe. Cependant, le mandat britannique en Palestine est de plus en plus remis en question. Tout d'abord, de manière interne, les coûts de la présence britannique en Palestine – tant économiques qu'en pertes humaines suite aux attentats sionistes – sont considérables. Ensuite, sur la scène internationale, le rapport de l'UNSCOP[11] demande l'abolition du mandat.

Quelles différences opérer entre État juif et État israélien ?

Dans certains cas extrêmes, comme l'écrit Jean Chalon dans *Journal de Paris*, « les mots peuvent être mortels »[12]. La sémantique nous rappelle opportunément que chaque mot a son importance et peut fortement varier de sens selon le contexte et l'utilisation qui en est faite. Ce constat et les risques qui en découlent trouvent écho dans le cadre de la gestion médiatique du conflit israélo-palestinien, et plus précisément en ce qui concerne l'usage du vocable « État juif » afin de qualifier l'État d'Israël. Bien que généralement ni plus ni moins synonymique, cette expression n'est pourtant pas neutre. Pour la plupart des journalistes[13], l'usage assimilé d'« État juif », d'« État israélien » ou d'« État hébreu » renvoie à une formulation sans signification particulière, visant essentiellement à éviter les redondances dans la rédaction des articles. Couramment usitée par les quotidiens étudiés, la qualification « État juif » se traduit dans certains cas par une sémantique de mise en concurrence des acteurs concernés que sont les Juifs et les Israéliens. Ainsi en attestent les extraits suivants : « Nous vivions dans un État qui se dit juif [...] ; juif et raciste contre les Arabes »[14], « L'État des Juifs »[15], « Relations diplo-

---

[11] Commission d'enquête des Nations unies planchant sur la situation de la Palestine et la création d'un État « sioniste ».

[12] Chalon, J., *Journal de Paris, 1963-1983*, Paris, Omnibus, 2000.

[13] Justifications issues des propos des journalistes-modérateurs des forums de leur quotidien.

[14] « Les Palestiniens d'Israël tentés par le boycott des élections », *Le Soir*, 9 février 2009.

[15] « L'État-major israélien a le feu vert pour une offensive terrestre », *Le Figaro*, 2 janvier 2009.

matiques avec l'État juif »[16], « Amalgame entre juifs et Israéliens, race et origine »[17].

L'utilisation de l'expression « État juif » s'avère d'autant moins neutre dans le contexte sensible et complexe du conflit israélo-palestinien, particulièrement depuis avril 2009 et la demande du Premier ministre israélien à l'Autorité palestinienne de reconnaître Israël comme État juif. Cette problématique, déjà réactualisée en novembre 2007 lors de la Conférence d'Annapolis, resurgit en 2009 dans la confrontation Netanyahu/Abbas. Ce dernier proteste alors avec véhémence : « État juif, c'est quoi ça ? Vous pouvez vous faire appeler comme ça vous plaît, mais moi je ne l'accepte pas et je le dis publiquement »[18]. Ce faisant, il insiste sur la reconnaissance d'un État israélien et non juif : « [vous] pouvez vous faire appeler la République sioniste hébraïque nationale socialiste si ça vous plaît, ça ne me regarde pas. Moi je sais qu'il existe un État d'Israël sur les frontières de 1967 et pas un centimètre de plus ou de moins »[19]. Symbolique, cette controverse renforce le poids des mots et la prégnance de l'histoire dans laquelle est ancré ce conflit. Celle d'un passé chargé émotionnellement, en lien avec le sionisme et la négation de la présence des Arabes en Palestine, au risque de conforter une certaine idéologie raciste (voir *infra*).

L'objectif de cette partie consiste à mettre en exergue les approches différenciées de l'acteur israélien, en insistant sur certains critères particuliers qui prévalent dans sa définition – comme l'immigration, la considération des minorités sur son territoire, la répartition de la population, la distinction entre l'État et la diaspora ou encore entre Juifs et Israéliens – et qui permettent de caractériser État juif et Israël.

Selon la déclaration d'indépendance, Israël est la terre où naquit le peuple juif, où l'identité religieuse et nationale s'est fondée. Une culture juive est née avec une signification tant nationale qu'universelle. De plus, l'État d'Israël se définit, dans sa constitution, comme un État juif et démocratique. Juifs et Israéliens doivent-ils pour autant être amalgamés ? Ces deux termes désignent-ils *de facto* la même réalité ? Émanant du gouvernement israélien, cette approche indifférenciée n'est pas neutre.

---

[16] « La Russie, la Turquie, le Qatar et la Syrie s'activent aussi », *Le Figaro*, 6 janvier 2009 et « Des heurts violents avec la police en Mauritanie », *Le Monde*, 11-12 janvier 2009.

[17] « Les associations refusent "l'importation du conflit" de Gaza », *Le Monde*, 14 janvier 2009.

[18] « Abbas refuse de reconnaître Israël comme État juif », *La Libre Belgique*, 27 avril 2009.

[19] *Idem.*

Comme développé dans la première partie de ce chapitre, le sionisme herzlien est une réaction à la vague d'antisémitisme qui touche l'Europe à la fin du XIXe siècle. État refuge pour tous les Juifs persécutés, le « regroupement » des Juifs au sein d'un État était et reste la finalité du projet sioniste. Mais, dans la pratique, sa concrétisation a été souvent critiquée sur la scène internationale. La résolution 3379, adoptée par l'Assemblée générale des Nations unies le 10 novembre 1975, a considéré le sionisme comme « une forme de racisme et de discrimination raciale »[20]. Cette résolution est formulée à l'initiative des États arabes, des pays communistes et des gouvernements non alignés[21]. La déclaration de Abbas susmentionnée participe d'une certaine manière à cette vision et met en évidence une tendance du gouvernement israélien à l'assimilation outrancière entre État et peuple juif. Il est en cela influencé par la droite et l'extrême-droite, ces dernières partageant toujours cette vision de l'État israélien juif. Les prises de position d'Avigdor Lieberman durant la campagne législative israélienne de janvier et février 2009 illustrent cette protection de la particularité juive[22], plus ethnique et laïque que religieuse, de l'État israélien. Dans cette lignée, les Arabes israéliens sont les premières cibles du parti *Yisrael Beiteinu* (« Israël notre maison ») : l'un des projets majeurs consiste en effet à demander une déclaration de loyauté de la part de cette communauté arabe israélienne à l'État. Ce premier exemple met en avant le paradoxe entre les qualités juive et israélienne de l'État d'Israël. Les Arabes israéliens (ou Israéliens arabes) sont, de ce point de vue, considérés comme des « citoyens de seconde zone »[23], victimes d'un procès d'intention sur une quelconque déloyauté envers l'État israélien juif, dans cette perspective. Enfin, la volonté d'interdire deux partis politiques arabes de se présenter aux dernières élections législatives alimente la confusion entre le caractère juif et/ou israélien de l'État. Le reproche essentiel fait à ses deux partis politiques arabes était le rejet d'Israël en tant qu'État juif, sans pour autant nier son droit d'existence.

Il convient, ensuite, de ne pas confondre Juif et Israélien, au même titre que la diaspora n'est pas assimilable à l'État. Emmanuel Navon se base sur l'un des fondements de l'État israélien pour le définir : la loi du retour de David Ben Gourion. Cette loi octroie le droit à tout juif

---

[20] Pour une analyse plus développée de la question, voir Charbit, D., « Sionisme singulier, sionismes pluriels : unité et controverses dans l'histoire moderne d'Israël », *Mouvement*, n° 33-34, 2004/3-4, p. 13.

[21] *Idem.*

[22] Voir la notion de « clivage » développée dans le chapitre 2 de la troisième partie de cet ouvrage.

[23] Sibany, S., « Les Arabes d'Israël : une minorité nationale palestinienne ? », *Hérodote*, n° 124, 2007, p. 79-92.

d'immigrer en Israël et de devenir citoyen israélien, dans une pure tradition sioniste. À l'origine, elle se basait sur des critères de la *Halakha* (loi hébraïque) où une personne est considérée comme juive si elle est née d'une mère juive. Lors de son amendement en 1970, cette loi s'est étendue aux personnes dont l'un des parents ou grands-parents est Juif[24] – ce qui pourrait laisser entrevoir une nouvelle approche de qui est « Juif », plus uniquement sur une base religieuse mais également ethnique. « Les droits d'un Juif aux termes de cette loi et les droits d'un immigrant selon la loi sur la nationalité de 1952, et les droits d'un immigrant aux termes de toute autre loi sont aussi accordés aux enfants et petits-enfants d'un Juif, à son conjoint et au conjoint d'un enfant ou d'un petit-enfant d'un Juif – à l'exception d'une personne qui était juive et a, de sa propre volonté, changé de religion »[25]. Cependant, en regardant attentivement les différents critères de la loi du retour, le paragraphe 4b du deuxième amendement de 1970 réinsiste sur le caractère religieux de l'appartenance : « [pour] les besoin de cette loi, "un juif" désigne une personne née d'une mère juive ou convertie au judaïsme et qui n'appartient pas à une autre religion »[26]. D'après cette définition, la condition religieuse « redevient » prééminente. Autrement dit, toute personne de religion autre que la religion judaïque devrait abandonner sa propre religion, symbole de sa culture. Or, selon la déclaration d'Israël, les principes de l'État d'Israël, juif et démocratique, ne peuvent infirmer « l'engagement de garantir l'égalité des droits politiques et sociaux à tous ses citoyens, indépendamment de sa religion et de sa race ou de son origine ethnique »[27]. Tout le dilemme réside dans le clivage religieux/laïc qui survit dans la société israélienne (voir *infra*).

Cependant, Israël n'est pas le seul à disposer de lois qui octroient « un statut privilégié aux membres de leur groupe ethnique vivant en dehors du pays avec une nationalité étrangère »[28]. En ce sens, certains États comme l'Autriche, la Belgique, la Grèce, la Hongrie, l'Italie, la Roumanie, la Russie, la Slovaquie ou encore la Slovénie[29] légitiment des principes d'appartenance nationale et ethnique. Par exemple, la Grèce accorde la nationalité grecque aux Albanais d'origine grecque vivant en

---

[24]   Abitbol, M., « Démocratie et religion », *Cités*, n° 12, 2002/4, p. 16.

[25]   Amendement de 1970, paragraphe 4a (a), dans la Loi du retour de 1950, approuvée à la Knesset le 5 juillet 1950 et amendée en 1970, approuvé à la Knesset le 10 mars 1970.

[26]   Amendement de 1970, paragraphe 4b, dans la Loi du retour de 1950, amendée en 1970.

[27]   Déclaration d'indépendance d'Israël du 14 mai 1948.

[28]   Navon, E., « Sionisme et vérité. Plaidoyer pour l'État juif », *Outre-terre*, n° 9, 2004/4, p. 23.

[29]   *Idem.*

Albanie. Les minorités sont, en Israël, arabes, catholiques et druzes. La composition de la population israélienne, estimée à 7 243 600 personnes, se répartit comme suit : 5 478 200 juifs[30], 1 206 100 musulmans, 151 600 chrétiens et 119 700 druzes[31]. Pour Navon, la légitimité d'Israël en tant qu'État juif et démocratique ne doit pas être mise en cause. Selon lui, « un État peut être démocratique sans qu'il y ait complète neutralité quant à son identité culturelle, ethnique et religieuse »[32]. En d'autres termes, la population arabe pourrait être désavantagée au niveau culturel et idéologique au profit de la population juive, sans pour autant qu'il y ait discrimination entre ses citoyens. L'État d'Israël appliquerait le même statut qu'un autre État-nation dans ses rapports avec les minorités.

Un autre débat anime également la distinction entre État juif et État israélien. En effet, si le Fatah refuse de reconnaître Israël en tant qu'État juif, c'est parce qu'il voit en cette reconnaissance la fin de la protection des droits des réfugiés palestiniens[33] et, plus particulièrement, la suppression du « droit au retour » des réfugiés. Le 11 décembre 1948, l'Assemblée générale a en effet adopté la résolution 194, conférant le droit aux Palestiniens de rentrer dans leur foyer[34]. Cette résolution prévoit en outre que « des indemnités doivent être payées à titre de compensation pour les biens de ceux qui décident de ne pas rentrer dans leurs foyers et pour tout bien perdu ou endommagé lorsque, en vertu des principes du droit international ou en équité, cette perte ou ce dommage doit être réparé par les gouvernements ou autorités responsables »[35]. Ce texte n'a aucune valeur coercitive pour Israël qui, par conséquent, n'est pas tenu juridiquement de l'appliquer. De plus, le 22 novembre 1974, l'Assemblée générale réaffirme « le droit inaliénable des Palestiniens de retourner » chez eux ainsi que leur droit à l'autodétermination[36]. Le droit au retour des Palestiniens demeure à l'heure actuelle l'une des pierres d'achoppement d'un accord de paix entre Israël et l'Autorité palestinienne.

Il convient, enfin, de nuancer la forme idéal-typique que confère Herzl au sionisme qui, dans les faits, peut revêtir divers courants : le

---

[30] Sans distinction des catégories des Juifs développées par Greilsammer, I., « Réflexion sur l'identité israélienne aujourd'hui », *Cités*, n° 29, 2007/1.

[31] Central Bureau of Statistics, *Chiffres de la population de 2007*, [en ligne], http://www1.cbs.gov.il, (consulté le 25 septembre 2009).

[32] Navon, E., *op. cit.*, p. 22.

[33] « Le Fatah pas favorable à Israël comme État juif », *France 2 Info*, 2 août 2009.

[34] Assemblée générale des Nations unies, *Résolution 194*, 11 décembre 1948.

[35] *Idem.*

[36] Assemblée générale des Nations unies, *Résolution 3237*, 22 novembre 1974.

socialisme, le sionisme religieux ou le sionisme de la droite nationaliste. Comme l'indique Ilan Greilsammer, il existe quatre catégories de juifs en Israël : les juifs pour qui la judéité est uniquement une origine, les juifs laïcs, les juifs religieux et, enfin, ceux qui mettent en relation le judaïsme avec la culture, l'histoire, l'ethnie, le religieux et le national. Sur les six millions recensés, environ 40 % sont laïcs, 35 % sont traditionalistes, 25 % sont religieux dont 15 % se définissent comme des sionistes-religieux ayant une très forte identité religieuse et nationale[37]. L'histoire d'Israël révèle que le courant dominant jusqu'à la fin des années 1970 fut le socialisme. Comme le souligne Klein, « l'arrivée de la droite au pouvoir après les élections du 16 mai 1977 marque à cet égard la fin d'une époque »[38]. En fait, la légitimité du sionisme s'est transformée par rapport à l'origine du mouvement. Centrée jadis sur le peuple juif, elle est aujourd'hui axée sur l'État d'Israël, faisant la distinction entre la diaspora et l'État. Le premier risque de confusion dans l'opinion publique et dans l'analyse de contenu de la presse écrite est l'amalgame entre le peuple et l'État, alors même que la création de l'État d'Israël l'avait précisément dépassé. En d'autres termes, si l'unicité est à l'origine la règle (Herzl), la distinction devient la référence avec la création de l'État, et ce, pour différentes raisons. D'abord, d'un point de vue juridique, « les diverses institutions sionistes ne se confondent pas avec celles de l'État »[39]. Ensuite, d'un point de vue démographique, la venue du peuple juif en Israël est un échec : « cette manière de voter avec les pieds est certainement plus significative que toute autre »[40], remettant radicalement en cause la profonde légitimité du mouvement. Même si, à l'heure actuelle, la tendance tend à s'inverser.

Tableau 3 – Population juive mondiale et population juive en Israël[41]

| Année | En Israël | | Dans le monde |
	En pourcentage	En millions	En millions
1882	0	0,024	7,800
1900	1	0,050	10,600
1914	1	0,085	13,500
1916-1918		0,056	
23.10.1922		0,084	14,400
1925	1	0,136	14,800

---

[37] Greilsammer, I., *op. cit.*, p. 40-41.

[38] Klein, C., *op. cit.*, p. 145.

[39] *Ibidem*, p. 147.

[40] *Ibidem*, p. 148.

[41] *Statistical Abstract of Israel*, n° 59, 2008, [en ligne], http://www1.cbs.gov.il/reader/, (consulté le 25 septembre 2009).

18.11.1931		0,175	15,700
1939	3	0,449	16,600
15.05.1948	6	0,650	11,500
1955	13	1,590	11,800
1970	20	2,582	12,630
1975	23	2,959	12,740
1980	25	3,283	12,840
1985	27	3,517	12,870
1990	30	3,947	12,870
1995	35	4,522	12,892
2000	38	4,955	12,914
2005	41	5,314	13,093
2006	41	5,393	13,161
2007	41	5,478	13,232

Comme le démontre le Tableau 3, lors de la création de l'État d'Israël, la population juive en Palestine ne représentait que de 6 % de la population juive mondiale, alors même que le mouvement sioniste défendait le principe d'origine de l'unicité du peuple juif. Il faut attendre l'an 2000 pour qu'elle atteigne la barre des 40 %.

Tableau 4 – Composition de la population de l'État d'Israël[42]

Année	Total	Peuple juif[43]	
	En millions	En millions	En pourcentage
1949	1,0590	0,9010	85
1950	1,2668	1,103	87
1951	1,4943	1,324	89
1955	1,7504	1,5553	89
1960	2,1170	1,8826	89
1965	2,5626	2,2698	89
1970	2,9740	2,5431	86
1975	3,4553	2,9312	85
1980	3,8777	3,2494	84
1985	4,2330	3,4945	82
1990	4,6602	3,8027	82
1996[44]	5,6951	4,5692	80
2000	6,2892	4,9141	78

---

[42] *Statistical Abstract of Israel*, n° 59, 2008, [en ligne], http://www1.cbs.gov.il/reader/, (consulté le 25 septembre 2009).

[43] Nous avons préféré utiliser le vocable « peuple juif » plutôt que le terme « juifs », car le graphique proposé par les autorités israéliennes prenait uniquement en compte les religions. Or, les Juifs ne sont pas tous croyants.

[44] L'année 1996 a été sciemment choisie en lieu et place de l'année 1995, dans la mesure où les données fournies par le gouvernement israélien pour cette date n'étaient que prévisionnelles et dès lors moins fiables.

2005	6,9301	5,2757	76
2006	7,0537	5,3536	76
2007	7,1801	5,4358	76

L'évolution du Tableau 4 montre clairement que la densité du peuple juif en Israël est décroissante à partir de 1965. Malgré les efforts du sionisme de mettre l'accent sur la loi de retour permettant à tout juif de revenir en Israël et en dépit de la récupération religieuse de la victoire israélienne lors de la guerre des Six Jours – perçue comme un signe de Dieu[45] –, la densité de la population juive a continué de décroître.

Selon la prospective israélienne, la proportion de la population juive en Israël devrait décroître jusqu'en 2030, pour atteindre 71 %. Cette analyse doit toutefois être nuancée, dans la mesure où la légitimité du sionisme émane en réalité davantage du rééquilibrage qui s'opère à l'heure actuelle entre la densité de population juive en Israël et celle au sein de la diaspora. En d'autres termes, à la lecture de la vision prospective du gouvernement israélien, si la densité juive diminue au fil des années en Israël, le rapport Israël-diaspora tend à s'équilibrer (50 % à l'horizon 2020)[46], voire à évoluer en faveur de l'État israélien. *In fine*, il convient malgré tout d'observer que la confrontation des densités nationale et mondiale du peuple juif s'oriente inexorablement vers sa réduction, tant en Israël qu'au sein de la diaspora.

Tableau 5 – Vision prospective de la population israélienne

Année	Total	Peuple juif	
	En millions	En millions	En pourcentage
2010	7,6191	5,7232	75
2020	9,0217	6,6097	73
2030	10,6078	7,5681	71

Le sionisme et Israël voient sans cesse leur destin et leur quête de légitimité s'entrecroiser. Par conséquent, la définition de l'État d'Israël apparaît comme la continuité du peuple juif ou, *a contrario*, comme la résultante d'une distinction entre ce peuple et les Israéliens : « le sionisme ne peut se légitimer que par la vérification constante de ses propres prémisses, à savoir l'attraction qu'il exerce sur les Juifs. L'État des Juifs ? L'État pour les Juifs ? L'État des Israéliens ? »[47].

---

[45] Lacoste, Y., *Géopolitique de la Méditerranée*, Paris, Armand Colin, 2006, p. 378.

[46] Klein, C., *op. cit.*, p. 168.

[47] *Ibidem*, p. 155.

La légitimité de l'État juif tient également dans sa reconnaissance externe. Le discours sioniste consiste ainsi à mettre en exergue la Palestine comme « la » terre du peuple juif, après avoir envisagé l'Amérique latine ou l'Australie. La justification est relativement simple : la négation de l'appartenance de ce territoire à un autre peuple, que ce soit par simple ignorance ou en pleine connaissance de la situation. C'est la crédibilité elle-même qui est en jeu et reconnaître la présence d'un « autre » peuple en Palestine serait remettre en cause l'idéologie même du sionisme : « [si] les sionistes surent très vite quelle était la réalité de la Palestine, le sionisme, comme discours structuré, ignora et ne peut que continuer à ignorer l'Autre »[48]. Pourtant, dès 1949, les Arabes palestiniens sont déjà présents à hauteur de 15 % dans la population du nouvel État. Le discours sioniste peut, néanmoins, compter sur l'ambiguïté territoriale de la région car, avant 1916, les populations du Moyen-Orient s'étaient toujours déplacées sans se soucier des contraintes des barrières internationales[49]. Les colonisateurs français et britanniques introduisent, avec les accords secrets Sykes-Picot, un découpage du Moyen-Orient qui laisse un flou territorial dans la région, saisi par les sionistes pour justifier la création d'un État juif sur une terre « sans peuple » sous mandat britannique.

Après plus de soixante années de conflit, l'État israélien est toujours présent. Le sionisme a réussi à légitimer l'existence, tant sur les plans interne qu'externe, d'un État pour le peuple juif : bien que tous les Juifs n'aient pas pris le chemin d'Israël et que l'immigration n'ait pas été au rendez-vous dans les proportions espérées, l'État continue d'exister. Si elle découle en interne de l'effet d'éloignement entre Israël et diaspora, la légitimité est également effective sur la scène internationale depuis 1948, tandis qu'elle se dessine étape par étape sur la scène régionale. Après l'Égypte en 1979 et le traité de paix entre la Jordanie et Israël en 1994, le plan de paix de Beyrouth met un terme en 2002 à la quête de reconnaissance extérieure de l'État israélien ; bien qu'il reste à concrétiser la reconnaissance de légitimité sous forme d'accords de paix et d'échanges diplomatiques. Cependant, les représentations, perceptions et imaginaires qui entourent les deux parties se sont multipliés tout au long du conflit après que le sionisme a, dans un premier temps, totalement nié la présence d'un autre peuple en Palestine. Sur ce point, la guerre à Gaza illustre certaines de ces représentations[50] qui influencent

---

[48] Klein, C., *op. cit.*, p. 159.

[49] Sfeir, A., *Vers l'Orient compliqué*, Paris, Grasset, 2006, p. 14-15.

[50] Les représentations de part et d'autre ne manquent pas. Par exemple : « Eux (Hamas), ils tirent n'importe où, à l'aveuglette. Nous nous ne visons que les terroristes. [...] Ils se dissimulent derrière les femmes et les enfants » (propos de Yacov Nedjar, agent de sécurité israélien, dans « "Soudain ce fut comme un tremblement de terre", racontent

les ressentiments, de part et d'autre, nourris par la méconnaissance de l'« Autre ». Dans le corpus médiatique analysé, les journalistes recourent régulièrement sans nuance à l'usage de l'« État juif » pour désigner Israël. Comme le souligne Philippe Braud, l'événement est symbolique et chargé émotionnellement[51]. En effet, si les idéologies ou les « systèmes de représentations » se basent sur des stéréotypes, il existe également une construction doctrinale et théorique de la réalité (représentations du réel en conformité avec leurs propres principes fondamentaux), mais « dans une ambition globalisante et rationalisante »[52]. C'est dans ce sens que le débat sur la reconnaissance de l'État d'Israël en termes d'« État du peuple juif » entre Netanyahu et Abbas pose problème, et renforce une idéologie sioniste quotidiennement présente en Israël.

Pour conclure, la différence entre Juifs et Israéliens apparaît également au travers d'une étude de la diaspora qui ne mobilise plus les mêmes centres d'intérêt que les juifs israéliens. Le cas de la diaspora juive européenne apporte un bon éclairage de ce décalage. Après la Seconde Guerre mondiale, un phénomène nouveau traverse le judaïsme européen qui, à défaut d'européanisation, « se trouve travaillé de l'intérieur par [la] résurgence de sa composante religieuse »[53]. Il connaît ainsi une opposition entre deux courants de pensée et de conception de l'identité juive qui influence *a fortiori* sa construction. La première tendance qui s'exprime entend poursuivre le processus d'intégration et d'assimilation, par exemple par les mariages mixtes, tandis que la seconde tente de réactiver une double référence basée sur l'ethnie et la religion. Tout le dilemme de la définition du judaïsme européen est de comprendre aujourd'hui les référents idéologiques qui permettent à ce dernier de se maintenir actif et identifiable. On aurait pu partir des repères traditionnellement envisagés : soit au travers de la religion, comme dans le cas de l'islam européen, soit au travers d'une nationalité et citoyenneté fortes, soit encore sur un profond repli communautaire. Concernant la religion, la multiplication des mouvements laïcs juifs, notamment dans le cas de la Belgique, montre qu'une revalorisation

---

des Gazaouis », *Le Monde*, 31 décembre 2008), « Il [Lieberman] considère les Arabes comme des indigènes qui ne comprennent que le langage de la force » (propos de Salah Abdel-Jawad, professeur d'histoire à l'Université de *Bir Zeit*, dans « Les Israéliens s'illusionnent s'ils tablent sur un renversement du Hamas par la population », *Le Monde*, 6 janvier 2009), « Les sionistes, des nazis » (propos de Malika, Palestinienne, dans « Des mosquées s'efforcent de canaliser la "colère" », *Le Monde*, 11-12 janvier 2009).

[51] Braud, P., *op. cit.*, p. 88.
[52] *Ibidem*, p. 228.
[53] Azria, R., « Réidentification communautaire du judaïsme », in Davie, G. et Hervieu-Léger, D., *Identités religieuses en Europe*, Paris, La Découverte, coll. « Recherches », 1996, p. 258.

religieuse ne permettrait pas de mobiliser largement le judaïsme européen. Sur la question d'une forte nationalité et citoyenneté, les Juifs ont toujours été considérés comme étrangers[54] à ce concept, en Europe en tout cas. Enfin, le repli communautaire est exclu au regard du double courant qui traverse le judaïsme européen : assimilation, intégration et reconnaissance de la diversité culturelle et revalorisation ethnico-religieuse. L'explication ne peut dès lors résider dans cette grille de lecture traditionnelle qu'il convient d'affiner. Régine Azria a identifié, pour ce faire, trois autres référents : « Israël, l'antisémitisme, et ce que d'aucuns appellent l'idéologie du survivalisme »[55]. Ceux-ci doivent cependant être pondérés. Même si Israël continue d'être l'objet d'un regard attentif de la part des juifs européens, il n'occupe plus une place centrale dans la construction du judaïsme européen, au contraire de l'antisémitisme et du survivalisme. Le caractère cyclique, répétitif et transversal aux périodes de l'histoire contemporaine européenne du premier induit une contre-mobilisation forte des juifs européens, alimentée par la montée des mouvements d'extrême-droite, par la multiplication des actes de vandalisme contre les synagogues ou encore par les agressions physiques et verbales. S'agissant, enfin, de l'idéologie survivaliste, l'objectif est de « faire mémoire »[56] ou, autrement dit, de rechercher dans l'histoire européenne le passé juif et de le maintenir actif dans la conscience collective. L'existence d'une telle stratégie s'exprime au travers du travail quotidien opéré et organisé autour de la mémoire de la Shoah dans les écoles, au travers des organisations internationales gouvernementales et non gouvernementales (comme la Fondation pour la mémoire de la Shoah et le projet Aladin), par des journées de commémoration et d'autres mobilisations européennes du « souvenir ». Ce qui s'éloigne radicalement d'une confusion entre Israélien et juif, ainsi que diaspora et État.

---

[54] Trigano, S., « Juifs et judaïsme en Europe : une morphologie du particulier et de l'universel », in Vincent, G. et Willaime, J.-P., *Religions et transformations de l'Europe*, Strasbourg, Presses Universitaires de Strasbourg, 1993, p. 94.

[55] Azria, R., *op. cit.*, p. 261.

[56] *Ibidem*, p. 262.

Troisième partie

La lecture médiatique de la guerre à Gaza en question. De la vision de l'internationaliste à celle du géopolitiste

Introduction

L'impression qui se dégage d'une première lecture des quatre quotidiens étudiés sur le sujet de la guerre à Gaza – et qui demeure à démontrer – est celle d'une relative absence des instances internationales dans le conflit. Cette lecture donne, à tout le moins, à revisiter leur rôle sur la scène internationale, dans la mesure où elles apparaissent davantage dans une fonction de soutien et d'appui humanitaire que dans une position d'acteurs œuvrant à la résolution du conflit. Partant, à travers une approche des Relations internationales revue et à laquelle adhèreraient globalement les médias échantillonnés, l'État recouvrerait un statut d'interface privilégiée : une telle lecture marque dès lors le retour en force de l'État comme acteur premier dans la résolution du conflit et dans le maintien de la paix.

Afin de confirmer ou d'infirmer ce constat, il convient de dépasser l'étude médiatique *stricto sensu* et de confronter l'hypothèse à l'analyse multidisciplinaire de la Science politique, des Relations internationales et de la Géopolitique. Tel constituera l'objet de cette troisième et dernière partie. Celle-ci se structurera, dans un premier chapitre, autour d'une étude du rôle des Nations unies dans le cadre du conflit israélo-palestinien, et plus particulièrement de la position du Conseil de sécurité lors de la guerre à Gaza. Sur la base de ces quelques enseignements quant à l'(in)action de l'organisation internationale sur le sujet qui nous occupe, le deuxième chapitre s'interrogera sur les recompositions géopolitiques à l'œuvre au Moyen-Orient, en axant cette réflexion sur la question de la place de l'État et celle des leaders charismatiques, anciens ou nouveaux. Le troisième chapitre clôturera cette partie sur une note quelque peu annexe et prospective : l'étude de la relation étatique particulière entre le Venezuela et l'Iran, telle qu'elle s'est donnée à voir lors de la guerre à Gaza, notamment au travers des velléités manifestes des dirigeants iranien et vénézuélien d'instrumentalisation de la cause palestinienne au détriment de leurs relations respectives avec l'État israélien.

CHAPITRE I.

Les Nations unies et la gestion des conflits :
Gaza et le multilatéralisme en question ?

Comme le souligne Carr, « [il] existe certes un intérêt objectif à maintenir l'ordre international, mais dès que l'on applique ce principe abstrait à une situation politique concrète, il se révèle être le déguisement transparent d'un intérêt national égoïste »[1]. La capacité des États à transcender leurs antagonismes et à créer des normes et des institutions multilatérales pour gérer leurs interdépendances est un thème classique de l'étude des Relations internationales[2]. Le multilatéralisme demeurant un instrument étatique, il affiche *de facto* les limites inhérentes à un système international basé sur la prééminence des États et de leurs intérêts respectifs.

Si sa crédibilité a particulièrement souffert ces dernières années de l'incapacité des États à coopérer en matière de sécurité (voir les défaillances successives du Conseil de sécurité des Nations unies dans la gestion des grandes crises de l'après-guerre froide comme l'Ex-Yougoslavie, le Rwanda ou encore la guerre en Irak), la gestion onusienne du conflit israélo-palestinien, dont l'opération « Plomb durci » apparaît comme le septième conflit armé israélo-arabe (la naissance d'Israël, la crise de Suez, la guerre des Six jours, la guerre du *Kippour* d'octobre 1973, la première et la deuxième guerres du Liban) ou le troisième israélo-palestinien (les deux *intifada* et la guerre à Gaza), constitue de ce point de vue un épiphénomène.

Ordre international et multilatéralisme : l'avènement d'un mythe ?

La plupart des gouvernements expriment *a priori* une représentation semblable des principes et des institutions devant régir l'ordre international, au premier rang desquels figurent l'État souverain et les

---

[1] Carr, E. H., *The Twenty Years' Crisis : 1919-1939. An Introduction to the Study of International Relations*, 2ᵉ édition, Londres, Macmillan, 1981, p. 88.

[2] Smouts, M.-C., « La coopération internationale, de la coexistence à la gouvernance mondiale », in Smouts, M.-C. (dir.), *op. cit.*

organisations intergouvernementales[3]. Si les contestations politiques, telles qu'elles se traduisent notamment par l'émergence récurrente d'États insatisfaits ou révisionnistes cherchant à promouvoir un autre ordre fondé sur des valeurs révolutionnaires[4] – à l'instar de l'Iran ou du Venezuela –, affèrent à la légitimité de l'ordre mondial établi, les assises politiques de ce dernier (domination, intérêt, adhésion, etc.) font plus largement l'objet de divergences d'interprétations scientifiques. Le débat académique relatif à la problématique de l'ordre dans un monde anarchique tient notamment au caractère équivoque d'une notion utilisée de façon récurrente à des fins idéologiques. Dans la mesure où il se définit en tant que principe d'organisation à la fois intelligible et désirable, l'« ordre » en relations internationales est indistinctement empirique et normatif[5].

Qualifiée de multilatérale lorsqu'elle inclut un nombre de pays supérieur à deux, la coopération renvoie *ab initio* à un concept à la fois théorique et historique[6]. Les théoriciens des Relations internationales[7] admettant globalement que les conflits interétatiques n'excluent pas l'existence de relations de coopération entre États. Les recherches scientifiques se sont longtemps focalisées sur l'étude des organisations internationales *stricto sensu* avant d'élargir le débat, à partir des années 1970, autour de ce que John Ruggie qualifie le premier de « régime international »[8]. Généralement défini comme « un ensemble de principes implicites et explicites, de normes, de règles, de procédures décisionnelles, autour desquels convergent les attentes des acteurs dans un certain domaine des relations internationales »[9], ce concept acte en substance la possible institutionnalisation des relations internationales en dépit de la structure anarchique qui y prévaut. En d'autres termes, le développement de la coopération peut se produire dans des situations où

---

[3] Battistella, D., *Théories des relations internationales*, 2ᵉ édition, Paris, Les Presses de Sciences Po, 2006, p. 393.

[4] Rucker, L., « La contestation de l'ordre international : les États révolutionnaires », *La revue internationale et stratégique*, n° 54, été 2004, p. 109-118.

[5] Battistella, D., « L'ordre international, norme politiquement construite », *La revue internationale et stratégique*, n° 54, été 2004, p. 85.

[6] Ruggie, J. G., *Multilateralism Matters. The Theory and Praxis of an Institutional Form*, New York, Columbia University Press, 1993, p. 3-47.

[7] Pour les réalistes, la notion d'état de guerre implique par définition l'existence d'un ordre stable plus ou moins éphémère ou durable (des périodes de « trêves passagères »). Les libéraux admettent l'existence d'une société internationale. Selon les constructivistes, l'anarchie est ce que les États en font.

[8] Ruggie, J. G., « International Responses to Technology. Concepts and Trends », *International Organization*, vol. 29, n° 3, été 1975, p. 557-583.

[9] Baylis, J. et Smith, S., *The Globalization of World Politics*, Oxford, Oxford University Press, 1997, p. 245.

chacun a des raisons de demeurer égoïste. Les approches institutionnalistes s'accordent en effet pour reconnaître l'émergence de ce que Hedley Bull qualifie d'« anarchie mature »[10].

À partir du milieu du XXe siècle, la construction d'institutions multilatérales dans les domaines les plus divers comme la paix et la sécurité internationales (Onu), les échanges commerciaux (GATT) ou encore les relations monétaires et financières (FMI et BIRD) témoigne déjà de la volonté étatique d'élaborer collectivement les règles régissant leurs relations et à conduire des politiques concertées[11]. Qu'elle s'explique aujourd'hui chez les institutionnalistes néo-réalistes par le leadership bienveillant exercé par la puissance dominante seule à même d'imposer le respect des règles de comportement international[12], ou qu'elle apparaisse, selon une conception néo-libérale, plus avantageuse que le conflit[13] et indispensable à la stabilité et à la paix[14], force est de constater que la coopération internationale et fonctionnelle entre les États dans le réseau des institutions multilatérales a connu une forte progression depuis la Seconde Guerre mondiale, et surtout dès l'entame de la période post-guerre froide[15]. Malgré le déclin de la puissance américaine, le tournant de 1989-1991 marque ainsi le remplacement du GATT par l'OMC tandis que les Nations unies connaissent un développement quantitatif et qualitatif sans précédent[16].

Multilatéralisme et sécurité : les limites intrinsèques au projet de sécurité collective

Dans le domaine de la sécurité, là où le jeu international demeure à somme nulle, un régime international apparaît moins aisé à construire. Première réelle application du multilatéralisme classique, le projet de sécurité collective imaginé par les institutionnalistes anglo-saxons se

---

[10] Conscients de valeurs et intérêts communs, les États se conçoivent comme liés par un ensemble de règles communes dans leurs relations réciproques et participent au bon fonctionnement d'institutions collectives. Bull, H., *The Anarchical Society. A Study of Order in World Politics*, Londres, Macmillan, 1977, p. 13.

[11] Smouts, M.-C., Battistella, D. et Vennesson, P., *op. cit.*, p. 333-335.

[12] Kindlerberger, C., *La grande crise mondiale. 1929-1939*, Paris, Économica, 1988, p. 312.

[13] Stein, A. A., *Why Nations Cooperate ? Circumstances and Choice in International Relations*, Ithaca, Cornell University Press, 1990, p. 33.

[14] Keohane, R. O., « The Contingent Legitimacy of Multilateralism », *Garnet Network of Excellence*, Working paper n° 09/06, septembre 2006, p. 12.

[15] Knight, W. A., *A Changing United Nations – Multilateral Evolution and the Quest for Global Governance*, Londres, Palgrave, 2000, p. 1.

[16] Daws, S. et Taylor, P., *The United Nations. Volume 2 : Functions and Futures*, Londres, Ashgate, 2000.

situe à mi-chemin entre le *statu quo* des États souverains (doctrine westphalienne de l'équilibre des forces) et l'idéal kantien de la paix perpétuelle[17]. Entendu comme « la sécurité pour tous les États par tous les États »[18], il expose tout État (agresseur) tenté de changer l'ordre existant par la force à de possibles sanctions économiques, voire militaires, de la part de l'ensemble des autres États. Partant, au-delà d'être une simple méthode de coopération et un moyen de régulation du système international, le multilatéralisme recèle *de facto* un objectif normatif sous-jacent[19]. Promouvant des principes d'ordre acceptés par tous, établis au préalable de façon concertée et garantissant un minimum de prévisibilité dans les rapports internationaux[20], il définit un système de valeurs – principalement universelles – fondé sur les principes de la Charte des Nations unies. Exprimant les conceptions idéologiques des puissances alliées, en particulier des Anglo-Saxons, cette dernière propose une conception de l'ordre mondial fondée notamment sur le respect de la justice, du droit international, des droits de l'homme et des libertés fondamentales. La sécurité collective constitue à cet égard ce que Judith Goldstein et Robert Owen Keohane qualifient d'« idée-valeur »[21]. En outre, le principe d'indivisibilité de la paix[22] – et corollairement l'impartialité des États (disparition de la catégorie traditionnelle « ami-ennemi ») – qu'elle sous-tend implique la renonciation au jeu classique des coalitions rivales et à la définition compétitive des intérêts. Elle spécifie dans le chef des États, comme le souligne Dario Battistella, « une conduite appropriée qu'ils s'engagent à respecter indépendamment de leurs intérêts nationaux ou des exigences stratégiques susceptibles d'exister le moment donné »[23].

Si l'alternative offerte par le projet de sécurité collective innove en substituant « son ordre *organique* à l'ordre *mécanique* de l'équilibre des forces »[24] et délégitime le recours à la force par les États à des fins

---

[17] Barrea, J., *L'utopie ou la guerre*, Bruxelles, Ciaco, 1985.

[18] Claude, I., *Power and International Relations*, New York, Random House, 1962, p. 110.

[19] Knight, W. A., *op. cit.*, p. 2-3.

[20] Pour Smouts, il s'agit d'un discours sur l'universalisme, l'égalité et l'unité des hommes, sur l'indivisibilité de l'espace et des problèmes, ainsi que sur le futur. Smouts, M.-C., *Les organisations internationales*, Paris, Armand Colin, coll. « Cursus », 1995, p. 30.

[21] Goldstein, J. et Keohane, R. O., *Ideas and Foreign Policy. Beliefs, Institutions and Political Change*, Ithaca, Cornell University Press, 1993.

[22] Au sein d'une alliance universelle dite de « sécurité collective », ce principe signifie que toute rupture de la paix, où qu'elle se produise, est l'affaire de l'ensemble des États qui en sont membres. Claude, I., *op. cit.*, p. 146-147.

[23] Battistella, D., *Retour de l'État de guerre*, Paris, Armand colin, 2006, p. 160.

[24] Barrea, J., *op. cit.*, 2002, p. 223.

d'intérêt national, elle affiche toutefois une dimension conservatrice et limitative. Comme l'illustre l'article 51 de la Charte des Nations unies[25], les velléités de transfert de la force légitime vers la structure collective demeurent promues dans le cadre préexistant du système des États souverains (par opposition à l'idéologie mondialiste visant à confier la paix à un gouvernement mondial). D'une part, s'il est communément admis qu'il incombe à l'Onu d'assurer la sécurité des peuples et des États, de garantir la paix et d'interdire l'agression sous quelque prétexte que ce soit, des facteurs multiples et variés poussent les États à rejeter la règle commune ou à la contester. Certaines puissances acceptant mal une règle qu'elles ne maîtrisent pas, à l'instar des États-Unis, se sont souvent octroyées des « responsabilités indues », tandis que les États exclus et/ou frustrés n'ont jamais perçu dans cette règle commune que le rapport de forces dont elle était issue (voir les États parias jugeant l'ordre international injuste). D'autre part, bien que la doctrine de la sécurité collective rejette le principe de l'alliance partielle, pour motif d'incompatibilité avec ses propres fondements, l'incertitude quant au fonctionnement effectif des mécanismes idéalistes qu'elle sous-tend conduit à une tolérance de fait à l'égard de la politique traditionnelle des alliances. Ainsi, l'article 51 de la Charte onusienne s'inscrit dans le prolongement immédiat de l'article 27 alinéa 3 qui, en conférant le droit de vote aux membres permanents du Conseil de sécurité, institutionna-lise la possibilité d'un blocage de la promesse institutionnelle inscrite au cœur du mécanisme de la sécurité collective. Inhérente au projet de la sécurité coopérative, cette limite fonctionnelle non seulement explique pour partie la durabilité et la persistance du conflit israélo-palestinien, mais révèle également que la résolution du conflit israélo-palestinien demeure fortement tributaire des évolutions de l'ordre mondial.

L'Onu, une organisation tributaire de l'ordre international ?

Maintien de la paix et de la sécurité internationales, quel rôle pour le Conseil de sécurité ?

Sur la base des chapitres V, VI, VII et VIII de la Charte des Nations unies, la compétence du maintien de la paix et de la sécurité internatio-nale est attribuée principalement au Conseil de sécurité. Cette compé-tence lui est précisément conférée par l'article 24§1. Il est ainsi appelé à prendre les mesures nécessaires pour ramener la paix internationale en

---

[25] « Aucune disposition de la présente charte ne porte atteinte au droit naturel de légitime défense, individuelle ou collective, dans le cas où un membre des Nations unies est l'objet d'une agression armée, jusqu'à ce que le Conseil de sécurité ait pris les mesures nécessaires pour maintenir la paix et la sécurité internationales ».

cas de rupture de celle-ci, raison pour laquelle le droit à l'exercice de la légitime défense est limité temporellement – il ne peut continuer à s'exercer dès lors que le Conseil de sécurité s'est saisi[26] de la question et a pris des mesures pour ramener la paix. Au regard de ces règles juridiques appliquées à l'étude empirique qui nous occupe, Israël pouvait donc légalement continuer à invoquer le principe de légitime défense tant que le Conseil ne s'était pas officiellement saisi de la question, notamment à travers une résolution requérant un cessez-le-feu immédiat.

La principale difficulté dans le cadre du conflit à Gaza réside dès lors dans l'absence de réaction, voire la paralysie, du Conseil de sécurité avant l'adoption de la résolution 1860 du 8 janvier 2009 marquée par l'abstention des États-Unis. Dans cette situation de latence juridique, chacune des parties tend à définir son adversaire comme l'agresseur, afin de justifier toutes actions au titre de « ripostes » légitimes. Cette stratégie trouve un certain écho dans la presse, qui ne remet pas en cause son fondement. *La Libre Belgique* du 5 janvier 2009 se positionne ainsi en considérant l'offensive israélienne comme « justifiée dans son entendement, par les agissements du Hamas »[27] ; en d'autres termes, l'attentisme du Conseil de sécurité a demeuré en faveur de l'action israélienne et de la légitimité juridique de ses actions. En effet, même si le Conseil agit au nom des États membres, ceux-ci disposent (en vertu de l'article 25) du choix d'accepter et d'appliquer ses décisions.

Pour assurer le maintien de la paix, le Conseil de sécurité peut s'appuyer sur les chapitres VI et VII de la charte onusienne. Si le chapitre VI, intitulé « Règlement pacifique de différends », prône l'intervention du Conseil comme médiateur en assurant pacifiquement le dialogue entre les parties, le chapitre VII relatif à l'« Action en cas de menace contre la paix, rupture de la paix et acte d'agression » prévoit, pour sa part, une possibilité pour le Conseil d'adopter une résolution mettant en œuvre des actions coercitives. Cette possibilité d'action est toutefois tempérée par son pouvoir discrétionnaire de qualifier ce qui peut être considéré comme « menace, rupture et agression ». Il est en effet utile de souligner que, en l'absence d'une définition objective de l'agression en droit international et en vertu de l'article 39 de la Charte, il revient au Conseil de constater tant l'existence d'une menace contre la paix ou d'une rupture de cette dernière que celle d'un acte d'agression. Par ailleurs, il est intéressant de pointer l'impossibilité pour un État engagé dans un conflit d'opposer le principe onusien de non-intervention dans ses affaires intérieures, lorsqu'il s'agit d'y appliquer des

---

[26] Les modalités de saisine du Conseil sont établies aux articles 29§1, 35, 36, 37§2, 11§3 et 99 de la charte des Nations unies.

[27] « La diplomatie renvoyée au moyen terme », *La Libre Belgique*, 5 janvier 2009.

mesures de coercition adoptées par le Conseil en vue d'instaurer la cessation des actes condamnés sur la base du chapitre VII (article 2§7)[28].

L'article 41 permet en outre au Conseil d'adopter des mesures non-militaires comme les sanctions économiques et l'article 42 lui confère la possibilité de mettre en œuvre toutes les mesures qu'il considère néces-saires pour assurer le maintien de la paix, si toutes autres mesures semblent inutiles ou se sont révélées l'être. Concernant l'article 45, bien que la charte ait prévu l'établissement d'une force permanente d'inter-vention qui serait directement détachée à l'organisation par contribution des États membres, aucune démarche dans ce sens n'a encore permis de l'appliquer et les prospectives n'y semblent que peu favorables[29]. Ainsi, dans le cadre du conflit à Gaza, l'efficience de l'intervention de l'Onu était relative aux moyens mis en œuvre. Délaissant le chapitre VII au profit d'une « simple » condamnation, sans même y joindre de sanctions (économiques ou autres) en cas de non-respect, le Conseil a démontré, une nouvelle fois, son incapacité à régir et stopper un conflit. Les ins-truments dont il dispose semblent toujours compliqués à mettre en œuvre lorsque des intérêts particuliers aux membres permanents sont en jeu. Mais cette situation a-t-elle toujours prévalu au sein du Conseil dans le cas particulier du conflit israélo-palestinien ?

L'activité du Conseil de sécurité : entre déclaration et résolution

Trois phases peuvent être distinguées dans la procédure d'adoption de résolution suivie par le Conseil de sécurité depuis la fin de l'ère bipolaire et de l'affrontement entre les États-Unis et l'Union soviétique.

La première étape résulte d'une série de consultations bilatérales entre le président du Conseil[30] et chaque représentant des États membres qui le composent. Il s'agit principalement, pour le Président, d'établir un agenda de travail sur la base des préoccupations et souhaits des diverses parties engagées dans les discussions. Le dépôt et l'étude des proposi-tions établies par le Président en exercice ou par un État se sentant concerné marquent l'avènement d'une deuxième phase. Toute proposi-tion donne lieu à un examen préalable. Bien que le système onusien prône la multiplication de séances publiques, le Conseil de sécurité a

---

[28] Pour en savoir plus sur le principe d'ingérence, se référer à Moreau Defarges, P., *op. cit.*

[29] Pour en savoir plus sur la réforme des Nations unies, voir notamment Amin, S., *Pour un monde multipolaire*, Paris, Éditions Syllepses, coll. « Construire des alterna-tives », 2005, p. 143-184.

[30] Son statut est régi par le chapitre V de la charte onusienne, mais également par « le règlement d'ordre intérieur provisoire » dont s'est doté le Conseil. Elle est exercée pour une période d'un mois successivement par chacun des membres du Conseil, en suivant l'ordre alphabétique de leur nom en anglais.

peu à peu mis en place un réseau de « consultations informelles »[31], dont l'objectif principal consiste *a contrario* à favoriser l'échange à huis clos, et ce, uniquement entre les diverses délégations membres du Conseil et le Secrétaire général. Dès lors, la majorité des discussions portant sur une proposition a généralement lieu avant même la troisième des phases précédemment déterminées, cette dernière se voulant publique. En effet, c'est à ce stade que le Conseil adopte (ou non), devant la presse, la proposition préalablement étudiée. Entérinée, celle-ci devient alors soit une déclaration, soit une résolution, sachant que le choix du maintien de la proposition sous une forme ou l'autre dépend précisément de la consultation informelle précitée.

Formellement, les résolutions sont adoptées si au moins neuf membres du Conseil de sécurité, dont l'ensemble des États permanents, émettent un vote affirmatif. Tant qu'il se limite à une position d'abstention sans mettre en œuvre son droit de veto, un État permanent ne bloque pas automatiquement l'adoption d'une résolution s'il n'y est pas entièrement favorable[32]. Ainsi, la gravité d'une situation – entendu par là le nombre de victimes potentielles – n'apparaît pas systématiquement comme un argument suffisant pour convaincre l'ensemble des membres permanents du Conseil de sécurité de la nécessité d'intervenir dans un conflit menaçant la paix et la sécurité internationales. Encore faut-il qu'aucun des États membres ne privilégie ses propres intérêts dans la région d'une potentielle intervention, à l'instar de l'attitude protectionniste des États-Unis envers Israël.

Il importe également, à ce stade, de clarifier la distinction entre deux formes d'instruments – déclaration et résolution – à disposition du Conseil de sécurité. Si ce dernier a adopté le 8 janvier 2009 la résolution 1860 (S/RES/1860(2009)), cet acte juridique n'est pas à confondre avec la déclaration émise par son Président. La résolution est un acte formel qui traduit, en se limitant ici au Conseil de sécurité, la volonté de ce dernier. Elle se compose d'un préambule comprenant les considérants sur lesquels cet organe entend se baser, et d'un dispositif formulant les actions à entreprendre ainsi que son opinion. La déclaration du président du Conseil est un acte d'un autre ordre et d'une autre portée. Elle fait l'objet d'un document individuel[33] et permet, lorsque le temps lui manque pour adopter une résolution, d'agir sur une situation urgente.

---

[31] de Wilde, T. et Liégeois, M., *Deux poids deux mesures ? L'ONU et le conflit israélo-arabe une approche quantitative*, Louvain-la-Neuve, UCL, Presses Universitaires de Louvain, 2006, p. 23.

[32] Pour en savoir plus sur les institutions onusiennes, voir Maury, J.-P., « Le système onusien », *Pouvoirs*, n° 109, 2004/2, p. 27-39.

[33] Le procès verbal fourni dans le communiqué de presse relatant l'ensemble des discussions fait lui aussi référence à la déclaration.

Bien que sa valeur soit moindre que celle d'une résolution, elle confère au Conseil la possibilité de souligner son intérêt et sa préoccupation vis-à-vis d'une situation particulière. Dès lors, lorsque le Conseil de sécurité choisit d'exercer des mesures de coercition, il privilégie l'adoption de résolutions, celles-ci produisant à la fois des effets juridiques et concrets. La procédure d'adoption de ces dernières étant plus longue, il aura toutefois tendance à favoriser les déclarations du Président lorsqu'il existe une situation d'urgence.

L'intervention du Conseil de sécurité au Proche-Orient : le cas particulier du conflit israélo-palestinien

L'analyse qui suit se réfère majoritairement aux données relevées par Michel Liégeois et Tanguy de Wilde dans leur ouvrage *Deux poids deux mesures ? L'ONU et le conflit israélo-arabe une approche quantitative*[34]. L'intérêt de cette étude réside dans la richesse de son approche quantitative, les auteurs fournissant les informations chiffrées nécessaires afin de suivre adéquatement l'évolution des résolutions prises par le Conseil de sécurité dans le cadre du conflit au Proche-Orient, entre 1948 et 2005. Fort de cette lecture, l'analyse de la résolution 1860 du 8 janvier 2009 à laquelle il sera procédé dans le chapitre suivant reflètera toute sa pertinence.

Dans leur ouvrage, Liégeois et de Wilde distinguent chronologiquement quatre parties dans l'analyse du conflit au Proche-Orient. La première période s'étend de 1948 à 1949. Durant celle-ci, le conflit au Proche-Orient – et plus particulièrement la Palestine – occupe 54 % de l'activité du Conseil portant sur la gestion des conflits. L'année de la création de l'État israélien, un consensus existait entre les cinq membres permanents sur la question de la Palestine, ce qui se confirme par le faible de taux d'abstention du Conseil (5 %). Si c'est entre 1950 et 1959 que ce conflit atteint des pics dans l'occupation du Conseil de sécurité, ces années ne voient globalement qu'une faible quantité de résolutions adoptées par l'Onu. Seul le conflit du Proche-Orient semble ne pas être touché par cette paralysie. Les auteurs considèrent dès lors ce conflit comme un cas spécifique, dans la mesure où le taux d'adoption des textes était de 70 %. Entre 1960 et 1989, il semble avoir monopolisé près d'un quart de l'activité du Conseil de sécurité. Si l'on tient compte du nombre de conflits et de l'ampleur des tensions régnant à cette époque dans cette région du globe, l'activité du Conseil de sécurité à l'égard du conflit israélo-palestinien ne semble pas démesurée. La chute du mur de Berlin et la disparition du régime soviétique, marquant l'avènement de la troisième période qui s'étend de 1990 à 2005, ont

---

[34] de Wilde, T. et Liégeois, M., *op. cit.*, p. 29-48.

provoqué des modifications dans le système international telles qu'il était imaginable de considérer que l'action et le fonctionnement du Conseil se verraient fortement facilités dans le cadre du maintien de la paix et de la sécurité internationales. Si, de manière générale, l'activité du Conseil croît incontestablement en termes quantitatifs, cette augmentation ne se voit pas rapportée au cas du conflit étudié. Quatre-vingt-huit projets de résolution (soit 9 % de l'activité du Conseil de sécurité jusque 2005) portent sur le conflit du Proche-Orient durant cette période. Mais, parallèlement à la période antérieure où la moyenne des résolutions adoptées était de cinq par an, la moyenne d'adoption annuelle passe ici à six résolutions. Les auteurs expliquent cet accroissement en les liant à la participation de l'Onu aux accords d'Oslo et ce qui en a découlé.

En se référant aux données publiées par les auteurs, le cas de l'évolution du vote au sein du Conseil de sécurité dans le cadre du conflit israélo-palestinien doit être spécifiquement analysé. Si le taux d'adoption du Conseil était pour ce conflit de 100 % lors de la première période, celui-ci aura une attitude décroissante pour arriver à un taux de 72,7 % lors de la quatrième période. Le consensus de départ a donc fait place à une relative[35] division. Par ailleurs, il faut souligner que la Conseil de sécurité ne s'est jamais basé sur le chapitre VII de la charte pour intervenir dans le cadre du conflit israélo-palestinien. Aucune mesure coercitive n'a donc pu être prise pour garantir le maintien de la paix et de la sécurité internationales. Dès lors, si la fin de l'ère bipolaire a vu une multiplication des résolutions basées sur le chapitre VII (contre l'Irak lors de la guerre du Koweït, en Bosnie-Herzégovine, en Somalie, au Rwanda, à Haïti, au Timor Oriental, etc.), aucune mesure coercitive n'a pourtant pu être mise en œuvre sur le conflit au Proche-Orient.

Comment expliquer cette attitude du Conseil de sécurité ? L'utilisation du droit de veto comme possibilité pour un État membre permanent d'empêcher l'adoption d'une résolution au sein du Conseil de sécurité est apparue dans les années 1970, dans le cadre du conflit au Proche-Orient. Elle découle d'une attitude qui pourrait être qualifiée de « protectrice » des États-Unis envers l'État israélien. Ainsi, géopolitiquement durant la guerre froide, la région a longtemps été sous le joug de l'Union soviétique. Seul allié dans la région pour les États-Unis, Israël a développé peu à peu à avec ces derniers une relation privilégiée. Dès lors, bien que de nombreux États aient essayé de porter ce dossier au Conseil de sécurité, les États-Unis ont systématiquement empêché, par divers mécanismes, l'adoption de toutes mesures coercitives élaborées à l'encontre de l'État israélien. Le recours systématique à l'usage du droit

---

[35] Le comportement global de vote affiche une tendance inverse, allant vers plus de collégialité. Voir de Wilde, T. et Liégeois, M., *op. cit.*, p. 46.

de veto n'était pas le seul instrument mobilisable par les États-Unis. La simple menace de bloquer tout projet de résolution lors de la seconde phase de discussion dont l'objectif est de mettre en œuvre des mesures coercitives a bien souvent suffi pour empêcher leur adoption. Ce que Liégeois et de Wilde qualifient de « veto caché »[36] a ainsi constitué leur principale stratégie de blocage lors d'adoption de résolutions, principalement dans le cadre du conflit israélo-palestinien. Pourtant, que ce veto soit implicite ou explicite, le recours au vote semble de plus en plus difficilement applicable. L'État qui le met en œuvre doit non seulement se justifier auprès de ses pairs, mais également envers la société civile qui se veut de plus en plus présente sur la scène internationale[37].

Ces propos doivent être relativisés par l'intervention d'autres acteurs. La France et le Royaume-Uni ont également joué un rôle en soutenant longtemps la politique américaine. Partant, en dehors de tout soutien aux États-Unis et à Israël, la France « n'a pas hésité, après avoir tout fait pour en empêcher la rédaction au profit d'une simple déclaration, à retarder l'adoption de la résolution du Conseil de sécurité [...] et pousser en avant une initiative hâtivement baptisée de "franco-égyptienne" de cessez-le-feu strictement humanitaire »[38]. Comme le montrent plusieurs articles[39], la position très remarquée du président français passant outre la réaction européenne – quoique longtemps inexistante – et, semble-t-il, prise en dehors de toute considération sur les dommages relatifs à la poursuite d'un conflit, a conduit à ralentir et à diminuer l'impact de l'intervention onusienne. L'attitude de la France et la volonté du président Obama de ne pas interférer avec la politique de Bush, celui-là même s'abstenant de réagir, ont ainsi permis à Israël de légitimer juridiquement le plus longtemps possible ses actions (légitime défense) et de réduire l'impact des sanctions qu'aurait induit le non-respect de la résolution. L'attitude israélienne atteste du manque d'efficacité et d'impact dans l'exécution des résolutions du Conseil, l'UE s'étant à titre d'exemple uniquement contentée d'interrompre le processus de rehaussement des relations avec Israël engagé lors de la présidence française. Les autres réactions furent principalement d'ordres diplomatiques, et plus politiques qu'économiques.

En opposant pendant une quinzaine de jours leur menace de veto aux initiatives diplomatiques internationales des membres du Conseil de

---

[36] de Wilde, T. et Liégeois, M., *op. cit.*, p. 26.

[37] Moreau Defarges, P., *L'ordre mondial*, 3e édition, Paris, Armand Colin, 2003, p. 77.

[38] Legrain, J.-F., « Pour une autre lecture de la guerre à Gaza », *Revue Humanitaire*, n° 21, avril 2009, p. 5.

[39] À titre d'exemples, voir « Super-Sarko repart en mission », *La Libre Belgique*, 2 janvier 2009 et « Super-sarko saute sur Gaza : dégâts collatéraux européens », *Le Soir*, 7 janvier 2009.

sécurité, les États-Unis ont accordé un relatif *blanc-seing* à Israël. Leur attitude protectionniste doit toutefois être tempérée, ou du moins décryptée. Premièrement, l'ambiguïté de la position américaine durant le conflit est due, en partie, au régime de transition présidentielle. Si le Président Bush sortant a exprimé son soutien à l'opération lancée par Tsahal, le président Obama élu a d'emblée justifié une prudence, le confinant à l'attentisme par son devoir de réserve. Ensuite, les États-Unis n'ont pas formellement posé de veto même s'il est vrai qu'aucune mesure coercitive n'ait été prévue et donc que rien ne l'aurait justifié. Enfin, la position du nouveau gouvernement américain apparaît moins tranchée. Si Obama ne remet nullement en cause le partenariat stratégique établi avec l'État israélien, il reconnaît dans ses discours officiels la « relativité »[40] de la puissance américaine à l'aune d'une multipolarité émergente sur le plan économique, ainsi que l'interdépendance des États-Unis et des autres puissances pour stabiliser les foyers de crise, notamment au Moyen-Orient. En outre, le président américain semble vouloir infléchir la politique israélo-palestinienne des États-Unis dans le sens d'une conditionnalité accrue de leur soutien et, notamment, tenter de persuader son allié de renoncer à la poursuite d'une politique illégale de colonisation, comme l'illustre sa réprobation publique à l'encontre de l'action du gouvernement israélien dans l'octroi de nouvelles dérogations dans le gel, plus que partiel, du processus de colonisation des territoires occupés[41]. Bien qu'il ne s'agisse que de condamnations verbales, Washington paraît vouloir rompre avec un soutien immarcescible et inconditionnel des actions d'Israël allant à l'encontre du processus de relance des négociations et des velléités de revalorisation du leadership américain sur la scène mondiale. L'envoi d'un émissaire (George Mitchell) affiche ainsi la volonté états-unienne de relancer le dialogue entre les parties.

La résolution 1860 : quels objectifs ?

Si l'abstention des États-Unis paraît trancher avec la position traditionnelle de l'administration américaine consistant à rejeter tout texte contraignant pour Israël, elle ne rompt pas avec son alignement et son soutien inconditionnels à son allié stratégique. Il faudra donc attendre le 8 janvier pour voir le Conseil de sécurité adopter, par quatorze voix sur quinze, une résolution dans le cadre d'un conflit armé débuté onze jours auparavant. Ni le nombre présumé de victimes, ni les décisions unilatérales israéliennes et le refus de dialogue n'auront suffi, pour les raisons citées précédemment, à inciter ses membres à intervenir. Longtemps

---

[40] Zakaria, F., *The Post-American World*, New York, W. W. Norton & Company, 2008.

[41] « Washington se dit consterné par la décision d'Israël d'autoriser 900 nouveaux logements à Jérusalem-Est », *Le Monde*, 19 novembre 2009.

remis en cause pour son manque d'efficacité dans cette guerre, le Conseil de sécurité a une nouvelle fois cherché par la résolution 1860 à mettre fin aux hostilités. Cela, semble-t-il, sans réel succès.

Afin de déceler ce que contient cette quarante-quatrième résolution[42] (à l'exception des résolutions portant sur les territoires occupés), souvent critiquée et décriée[43], il s'agit tout d'abord de relever les présupposés – bases et principes – sur lesquels le Conseil va fonder son raisonnement, et ce, en analysant les neufs considérants qu'introduit la résolution.

En guise de prérequis juridique, le premier considérant est une citation commune de l'ensemble des résolutions précédemment adoptées. Non seulement leur nombre empêche toute énumération exhaustive, mais il permet également d'élever la situation non réglée (fait) au rang de « question » (politique). Cinq résolutions sont formellement rappelées et ainsi mises en exergue, tant pour la controverse qu'elles ont suscitées (voir résolution 242 et l'interprétation différenciée des versions française et anglaise en termes de retrait israélien « des » ou « de » territoires occupés) que pour la force symbolique des affirmations qu'elles contiennent (voir la résolution 1397 qui, en mentionnant pour la première fois l'« État palestinien », en reconnaît *de facto* l'existence). Votées par le Conseil de sécurité, ces résolutions figurent surtout parmi les textes onusiens non respectés par Israël[44]. Témoignant de la force des logiques étatiques, elles constituent un facteur explicatif de la difficulté des Nations unies (et donc à leur décharge) à œuvrer à la résolution de ce conflit.

Dans le deuxième considérant, le Conseil de sécurité souligne l'occupation par Israël de territoires conquis en 1967 qu'il considère comme partie intégrante du « futur » État palestinien. Cette question occupe dès lors une place centrale. Malgré les réticences israéliennes et la nouvelle autorisation de colonisation de Jérusalem-Est par le gouvernement israélien, le Conseil rappelle l'idée de la constitution d'un État palestinien considéré pour l'instant comme un « non-État permanent »[45] constitué *de facto*. Pour soutenir ces propos, il mentionne notamment, parmi la sélection d'anciennes résolutions citées, la résolution 1850 adoptée en 2008 prônant – cette idée se retrouve dans le point 8 de la seconde partie de la résolution 1860 – le retour « à une paix globale […] où deux États démocratiques, Israël et la Palestine, vivent côte à côte ».

---

[42] Conseil de sécurité des Nations unies, *Résolution 1860*, 8 janvier 2009 (S/RES/1860 (2009)).

[43] « Résolution sans effet », *La Libre Belgique*, 10-11 janvier 2009.

[44] « Au mépris du droit. 1947-2009 : une impunité qui perdure. Résolutions de l'Onu non respectées par Israël », *Le Monde diplomatique*, février 2009.

[45] Legrain, J.-F., *op. cit.*, p. 11.

Les cinq considérants suivants (considérants trois à sept) mettent davantage l'accent sur les aspects humanitaires liés à ce conflit, dont la non résolution en nécessite d'autant plus la gestion. En l'absence de règlement sécuritaire international, le Conseil de sécurité s'est en effet progressivement saisi de la question humanitaire. Le rapport Goldstone[46] ayant établi – et condamné – l'existence de crimes de guerre et la charte des Nations unies reconnaissant par ailleurs dans son article 39 que ce type de crimes constituent des « menaces contre la paix » dès lors soumises aux pouvoirs contraignants du Conseil, la communauté internationale jouit de la légitimité onusienne pour intervenir sur le plan humanitaire.

Le quatrième considérant mérite également une attention particulière, dans la mesure où le Conseil y décrit la fin de la trêve comme un refus « de prolonger la période de calme », sans citer la partie (Israël ou le Hamas) à l'origine de ce refus. Dès lors, la question pour celui qui doit interpréter la résolution reste de savoir si le Conseil entend de la sorte souligner les incursions israéliennes de début novembre associées au blocus de la bande de Gaza qui n'a pas été suspendu malgré les accords, le refus de prolongation de la trêve par le Hamas qui semble aussi découler de cette situation ou encore un mélange des deux, ce qui semble être le plus pertinent (bien qu'il ne s'agisse que de suppositions). Concernant ce blocus israélien, sans y faire directement référence dans son sixième considérant, le Conseil souligne la nécessité de permettre la circulation des biens et personnes aux points de passage insistant sur un critère de temporalité, cette libre circulation devant être régulière et durable.

À ce stade, il importe de relativiser les présupposés selon lesquels Israël ne fait jamais ou très rarement l'objet de critiques. S'il est vrai qu'aucune résolution mettant en œuvre des mesures coercitives envers l'État israélien n'a été adoptée par le Conseil de sécurité, Israël a fait l'objet de nombreuses critiques verbales de la part de ce dernier. Ainsi, entre 1948 et 2005, quatre-vingt et une résolutions font référence expli-

---

[46] Rendu public en septembre 2009, le rapport de la mission du Conseil des droits de l'homme de l'Onu présidée par le juge Richard Goldstone accuse ouvertement Israël d'avoir fait un usage disproportionné de la force et violé le droit humanitaire international. Reprochant, notamment, à l'État israélien de ne pas s'être « entouré des précautions nécessaires requises par le droit international pour limiter les pertes en vies humaines, les blessures occasionnées aux civils et les dommages matériels », le rapport invoque les « tirs d'obus au phosphore blanc sur les installations de l'Unrwa, la frappe intentionnelle sur l'hôpital Al-Qods à l'aide d'obus explosifs et au phosphore » et « l'attaque contre l'hôpital Al-Wafa » comme autant de « violations du droit humanitaire international » qualifiées de crimes de guerre, voire qualifiables de crimes contre l'humanité. Human Rights Council, *Human Rights in Palestine and Other Occupied Arab Territories, Report of the United Nations Fact Finding Mission on the Gaza Conflict*, 15 septembre 2009.

citement à Israël et lui sont, dans la majorité des cas, défavorables[47]. Le problème est surtout que l'État israélien n'a que trop rarement respecté ces résolutions (voir *infra*) et que le Conseil de sécurité ne prévoit aucune mesure de rétorsion.

Au final, dans ses considérants, le Conseil de sécurité adopte une position relativement paritaire, ne désignant pas clairement les responsables. La situation particulière du conflit israélo-palestinien dépeinte dans la résolution paraît devoir pousser le Conseil à porter des responsabilités collectives au risque de laisser les protagonistes l'interpréter à leur guise. Ce qui, aux yeux de beaucoup, semble relativement contestable, dans la mesure où le rôle de gardien du maintien de la paix et sécurité internationales qui lui incombe dans le cadre d'un conflit l'accule à ne pas demeurer impartial. Ce rôle lui intime de prendre position et de citer explicitement les acteurs visés dans sa résolution.

Cette position de neutralité du Conseil de sécurité s'étiole toutefois quelque peu dans de la seconde partie de la résolution où, contrairement au Hamas, Israël se trouve directement visé. Dans le premier point, il insiste sur l'urgence de la situation en appelant à « un cessez-le-feu durable et pleinement respecté ». Cet appel implique que le retrait de l'agresseur est soumis à la réunion de conditions passant par un accord entre le Hamas et Israël, sous médiation de l'Égypte, dont les efforts sont salués par le Conseil de sécurité. Il s'agit principalement d'empêcher « la contrebande » d'armes (requête israélienne) et d'« assurer la réouverture des points de passage » (requête du Hamas). En tant qu'organe principal pour le maintien de la paix des Nations unies, le Conseil cherche clairement à faire pression en vue d'obtenir la fin des hostilités, bien qu'il se limite à des injonctions verbales tendant *a contrario* à polariser les acteurs régionaux entre « alliés de l'Occident » (Égypte, Jordanie, Arabie saoudite et Autorité palestinienne) et « soutiens du Hamas » (Iran et Syrie), et que la question des modalités du retrait des forces israéliennes demeure en suspens. Néanmoins, afin d'éviter le maintien permanent d'une force militaire israélienne sur la bande de Gaza et d'en faire un territoire palestinien occupé de plus, il insiste sur la nécessité d'aboutir à un retrait « total » des forces israéliennes. Il nomme, ouvertement cette fois, les forces militaires d'Israël. Pour compléter ces mesures de pression, le Conseil de sécurité réprouve en outre l'attaque de civils et les actes de terrorisme en condamnant ces pratiques (point cinq : « condamnation de toutes les violences et hostilités dirigées contre des civils, ainsi que tous les actes de terrorisme »). Les tirs de roquettes du Hamas (implicitement mentionnés) et les bom-

---

[47] de Wilde, T. et Liégeois, M., *op. cit.*, p. 56-69.

bardements aveugles, meurtriers et destructeurs de l'armée israélienne sont mis sur un pied d'égalité.

Israël n'est toutefois pas le seul à faire l'objet de pressions. Ainsi, dans le quatrième point, « tous » les États membres sont appelés à tout mettre en œuvre pour favoriser l'amélioration de la situation générale, non pas en reconnaissant la légitimité électorale du Hamas mais en contribuant davantage au soutien (financier) de l'Office de secours et de travaux des Nations unies pour les réfugiés de Palestine dans le Proche-Orient (UNRWA). Cet appel aux États membres (le « tous » a ici disparu) se poursuit dans le sixième point, le Conseil insistant alors sur le besoin de garantir le respect des accords antérieurs (2005) portant sur les points de passage entre l'Autorité palestinienne et Israël. À nouveau, aucune référence n'est faite au Hamas, dans la mesure où il n'est pas reconnu par la communauté internationale comme membre de l'Autorité palestinienne. Malgré ces injonctions et pressions de la part du Conseil, le point sept permet de saluer les interventions égyptiennes et régionales (Ligue arabe) dans le processus de réconciliation entre palestiniens, déjà mentionné dans la résolution du 26 novembre 2008. Le Conseil cherche par ailleurs à promouvoir l'initiative du Quartet – dont l'Onu fait partie – visant à tenir en 2009 une réunion à Moscou, qui n'a pour l'heure toujours pas eu lieu. En insistant sur la forte potentialité accordée par la résolution à cette réunion, il rappelle que l'Onu (bien que ses prérogatives devraient le lui conférer) ne dispose pas encore seule des capacités de mettre un terme à ce conflit durable, étant sans cesse soumise aux volontés et orientations prises par certains acteurs de la scène internationale.

Soulignons, enfin, que cette résolution n'établit principalement que des constats et des mesures d'ordre verbal en sollicitant les protagonistes du conflit et les États engagés dans la médiation vers un processus de paix. En d'autres termes, elle ne règle rien, mais se borne à fixer des objectifs : il appartient désormais aux deux parties en conflit de négocier les termes d'un cessez-le-feu « durable et totalement respecté ». S'agissant d'une résolution non contraignante, elle appartient aux résolutions de type exhortatoire tendant davantage à lancer des appels et à formuler des vœux, exemptes de mesures contraignantes assurant leur effectivité. Pratiquement, le Conseil de sécurité rappelle le rôle de l'UNRWA mais ne prévoit, en l'occurrence, aucune mesure concrète non coercitive (voir l'envoi d'émissaire ou opération de maintien de la paix, comme la FINUL au Liban) se bornant à encourager les processus déjà engagés, bien qu'il se dise explicitement toujours saisi de la question en son point dix. Cette étude succincte de la résolution 1860 du Conseil de sécurité fait globalement transparaître le manque de poids de cet organe dans la résolution du conflit israélo-palestinien. Alors qu'il œuvre dans le cadre d'une résolution de conflit, le Conseil n'agit véritablement qu'à titre humanitaire, insistant sur le droit conféré aux civils dans un conflit mais ne prévoyant aucune mesure coercitive pour imposer, par exemple, le retrait des troupes israéliennes de la bande de Gaza. Il se limite tout au long de la résolution à déléguer cette compétence à d'autres acteurs de la scène internationale, même s'il mentionne le travail du Quartet. Dès lors, comment le Conseil de Sécurité pourrait-il assurer l'application et le respect de sa résolution de la part des parties engagées dans le conflit – Israël et le Hamas – si ces derniers n'en veulent pas et qu'il ne prévoit, lui-même, aucune mesure dans le texte assurant l'effectivité de la résolution ?

Guerre à Gaza, le multilatéralisme à l'épreuve du leadership américain ?

Bien que le contexte post-11 septembre et l'affaiblissement corrélatif du leadership intellectuel et moral des États-Unis affectent la forme de domination dont ils jouissaient jusqu'à l'aube des années 2000, leur suprématie militaire et leur autorité sur la structure de sécurité interna-tionale semblent au demeurant inaltérés[48]. La guerre à Gaza, dernier avatar du conflit israélo-palestinien, et les vicissitudes liées à la gestion collective de sa résolution en constituent le parangon. Si les discours, tant médiatiques qu'officiels, tendent à considérer l'absence de réaction immédiate de la communauté internationale comme symptomatique de l'avilissement du multilatéralisme sécuritaire et, partant, revivifient la question de la remise en cause de l'architecture juridique mondiale onusienne, le partage de ce constat nourrit toutefois des interprétations scientifiques *a priori* divergentes.

Pour les uns, la durabilité du conflit israélo-palestinien tient moins directement aux « changements systématiques récents »[49] ayant ébranlé le principe de la souveraineté des États qu'à la nature même de ce conflit et à sa dimension régionale[50]. Ancré dans le théâtre d'opération moyen-oriental, ce conflit – dont la guerre à Gaza constitue la dernière manifestation tangible – participe de ce que Barry Buzan qualifie de « complexe de sécurité »[51], dans la mesure où il fait l'objet de tentatives

---

[48] Santander, S. (dir.), *L'émergence de nouvelles puissances : vers un système multipo-laire ?*, Paris, Ellipses, 2009, p. 21.

[49] Parmi ces changements systématiques récents, Andrew Knight pointe particulière-ment la globalisation et les innovations technologiques. Knight, A. W., « Multilatéra-lisme ascendant ou descendant : deux voies dans la quête d'une gouverne globale », *Études internationales*, vol. 26, n° 4, 1995, p. 704.

[50] Job, B. L., « Multilatéralisme et résolution des conflits régionaux : les illusions de la coopération », *Études internationales*, vol. 26, n° 4, 1995, p. 667-684.

[51] Buzan, B., *People, States and Fear*, 2ᵉ édition, Londres, Harverster Wheatsheaf, 1991, p. 169.

de règlement par différents intervenants, qu'il s'agisse d'institutions régionales (voir la Ligue arabe) et/ou globales (voir les Nations unies) ainsi que des États, mettant en œuvre divers moyens et suivant de multiples voies. Dans la mesure où les États-Unis n'identifient pas l'instance onusienne comme exclusive en matière de gouvernance mondiale, ils ont recours à des institutions internationales – dont ils perçoivent un avantage comparatif bien qu'elles s'enchevêtrent et parfois se concurrencent – et, en particulier, à des organisations régionales ou à des groupes d'États partageant des intérêts communs[52]. Face à cet entrelacs d'acteurs et cette imbrication d'enjeux, la mobilisation des ressources collectives des membres de l'Onu n'intervient dès lors qu'en dernier recours, lorsque la situation humanitaire le requiert et que le concert des puissances au Conseil de sécurité y consent.

Les difficultés inhérentes à la gestion collective de ce conflit résultent davantage, pour d'autres, de la recomposition actuelle du monde et du fondement structurel du système des Nations unies. En dépit de la revivification du multilatéralisme de portée universelle engendrée par la fin du clivage Est-Ouest, non seulement l'ordre multilatéral fait aujourd'hui face, particulièrement dans les questions sécuritaires, aux aspirations unipolaires de la puissance[53] mais, de surcroît, l'ancrage interétatique de l'organisation onusienne n'est pas de nature à corroder le pragmatisme politique ni à nourrir les velléités multilatérales. Si les Nations unies ont pu mettre sur pied un ordre international minimal afin de contraindre les États, y compris les plus puissants d'entre eux, à une politique de coopération, la *Realpolitik* reste un élément incontournable des relations internationales, dont les États-Unis demeurent au faîte dans le cadre particulier du dossier israélo-palestinien[54].

In fine, le refus du multilatéralisme systématique ou l'avènement d'une forme de multilatéralisme que d'aucuns qualifient de « dégradé »[55] trouve dans ce cas pleinement justification « dans la défense de la

---

[52] Sur ce dossier israélo-palestinien, l'administration Bush a ainsi travaillé avec le « Quartet international » regroupant également l'Onu, la Russie et l'Union européenne. Il s'agit aussi, à titre de comparaison, de l'OTAN pour les questions militaires, du G8+5 (Brésil, Chine, Inde, Mexique et Afrique du Sud) sur les questions clés de gouvernance mondiale telles que le changement climatique ou encore du Groupe des Six pour l'Iran (Allemagne, France, Royaume-Uni, Chine, États-Unis et Russie).

[53] Santander, S., *op. cit.*, 2009, p. 15.

[54] Et ce, à travers une instrumentalisation *stricto sensu* du multilatéralisme. Gayan, A. K., « La *realpolitik*, élément incontournable des relations internationales », *La revue internationale et stratégique*, n° 67, 2007/3, p. 95-104.

[55] Il s'agit d'une pratique pragmatique et sélective de concertation sur un problème donné avec quelques pays soigneusement sélectionnés. Melandri, P. et Vaïsse, J.,

souveraineté américaine et dans la protection des intérêts américains »[56].

Enclins à circonscrire, voire à paralyser, l'intervention de l'Onu dans leur sphère d'influence, les États-Unis ont entravé de façon récurrente le respect des principes de la charte et des recommandations onusiennes, lorsque la politique israélienne était en jeu[57]. Soucieux de garantir leur prédominance au Moyen-Orient à travers, à la fois, la promotion de leurs valeurs (démocratie, libre-échange, etc.) et la défense de leurs intérêts stratégiques et économiques, l'intérêt opérationnel et l'intérêt idéologique des États-Unis sur ce terrain se sont souvent révélés antago-niques[58]. Les tribulations caractérisant la gestion collective du conflit israélo-palestinien apparaissent dès lors également comme le reflet des difficultés américaines de louvoyer entre pragmatisme et idéalisme.

Si, dans la lignée du président Reagan, l'administration Bush affichait une vision réaliste des Relations internationales fondée sur une instrumentalisation du multilatéralisme[59], le président Obama et son équipe de sécurité nationale mettent au contraire en avant la « mutualité des intérêts » des États-Unis et des autres puissances ainsi que l'« inter-dépendance complexe »[60] qui les lie, et dénoncent le coût de l'unilaté-ralisme. Ce discours ne traduit pas pour autant *de facto* l'inauguration d'un « moment multilatéral », en rupture avec la traditionnelle ambiva-lence américaine vis-à-vis du multilatéralisme[61]. La réaffirmation du leadership états-unien sur un certain nombre de dossiers demeure en effet difficilement conciliable avec l'appel à leur résolution collective. « Au-delà des alternances gouvernementales, l'unilatéralisme demeure, comme le souligne Sebastian Santander, un instrument de la puissance (américaine). »[62]

L'empire du Milieu. Les États-Unis et le monde depuis la fin de la guerre froide, Paris, Odile Jacob, 2001, p. 448.

[56] Lambert, D., *L'administration de George W. Bush et les Nations Unies*, Paris, L'Harmattan, coll. « Inter-National », 2005, p. 28.

[57] Senarclens (de), P., *Mondialisation, souveraineté et théories des relations internatio-nales*, Paris, Armand Colin, 1998, p. 188.

[58] Kissinger, H., *Diplomatie*, Paris, Fayard, 1996, p. 14.

[59] En 2000, Condoleezza Rice invitait les États-Unis à ne « pas sacrifier leur intérêt national à la recherche d'intérêts communs dans un ordre global », privilégiant le « multilatéralisme à la carte ».

[60] Nye, J., *The Paradox of American Power : Why the World's Only Superpower Can't Go It Alone*, New York, Oxford University Press, 2002.

[61] Hoop Scheffer (de), A., « Le multilatéralisme américain, entre pragmatisme et réinvention », *Questions internationales*, n° 39, La Documentation française, sep-tembre-octobre 2009.

[62] Santander, S., *op. cit.*, 2009, p. 17-18.

CHAPITRE II

Quelle géopolitique pour le Moyen-Orient ?

« La géopolitique s'interroge sur les rapports entre l'espace (dans tous les sens du mot) et la politique : en quoi les données spatiales affectent-elles le ou la politique ? Pourquoi et comment le politique se sert de l'espace ? »[1]. En ces quelques lignes, Philippe Moreau Defarges définit la géopolitique[2] de manière aussi concise que possible, en dépit de sa complexité. Cette discipline enjoint tout d'abord de se référer à un territoire, avant d'introduire une approche géohistorique de l'objet étudié et, enfin, d'analyser les transformations territoriales et les interactions entre les acteurs politiques et la géographie étudiée – le Moyen-Orient pour ce qui nous occupe. Sans oublier que son étude première est la politique au regard de la géographie, et non l'inverse, comme le définit Ladis Kristof : « geopolitics is what the word itself suggests etymologically : geographical politics, that is, politics and *not* geography – politics geographically interpreted or analyzed for its geographical content »[3].

Afin de structurer l'analyse géopolitique du Moyen-Orient à l'issue de la guerre à Gaza, en intégrant le fait que cette dernière modifie des situations géopolitiques locales, régionales et internationales ou, à tout le moins, illustre des transformations déjà effectives, la méthodologie choisie consiste à approcher ces mutations éventuelles par cercles concentriques au départ de l'épicentre Israël-Palestine – et plus particulièrement, la recomposition géopolitique des relations israéliennes. À cet effet, trois cercles ont été définis : le premier d'entre eux concentre les protagonistes locaux et leur confrontation lors du conflit – à savoir, l'État israélien et les acteurs palestiniens – ainsi que les répercussions politiques dans les États limitrophes à la zone de conflit – essentielle-

---

[1] Moreau Defarges, P., *Introduction à la géopolitique*, 2ᵉ édition, Paris, Seuil, 2005, p. 9.

[2] Voir également Defay, A., *Géopolitique du Proche-Orient*, 3ᵉ édition, Paris, Presses Universitaires de France, 2006, p. 5.

[3] Traduction proposée : « La géopolitique est ce que le mot signifie étymologiquement : la politique géographique, c'est de la politique et non de la géographie – la politique interprétée géographiquement ou analysée à travers son contenu géographique » ; Kristof, L. K. D., « The Origins and Evolution of Geopolitics », *The Journal of Conflict Resolution*, vol. 4, n° 1, 1960, p. 34.

ment en Égypte et en Syrie. La deuxième approche circulaire focalise l'attention sur une lecture régionale du conflit, englobant les pays du Proche[4] et du Moyen-Orient, tels que définis par Yves Lacoste :

> On peut convenir d'appeler Proche-Orient l'ensemble littoral orienté nord-sud long de 800 kilomètres et situé entre la Turquie, au nord et l'Égypte au sud. [...] Ce vaste Moyen-Orient qui s'étend sur 4 500 km d'Ouest en Est. On peut y distinguer différents sous-ensembles, le Proche-Orient environ vingt fois moins large est l'un deux[5].

Dans la mesure où la Ligue des États arabes constitue le principal acteur, l'objectif est de dégager les tendances politiques divergentes en son sein et d'en analyser les conséquences, en termes de récupérations et recompositions géopolitiques avant, durant et après la guerre à Gaza. Enfin, le dernier cercle polarise les tendances périphériques mondiales des acteurs clés de la scène internationale dans ce conflit : principalement, la France, les États-Unis et l'Union européenne.

Vers une redéfinition des rapports de forces au Proche-Orient ?

Hamas, nouvel interlocuteur ?

Historiquement, l'évolution politique des Frères musulmans palestiniens qui constitue le Hamas[6] naît le 14 décembre 1987 lors de la première *Intifada* sous l'impulsion de six leaders du mouvement : Ahmed Yassine (assassiné en 2004, par Israël), Abdelaziz al-Rantissi (assassiné en 2004, par Israël), Salah Shehadeh (assassiné en 2002, par Israël), Muhammad Sham'ah, Isa al-Nashar, Abdul Fattah Dukhan et Ibrahim al-Yazuri. Le tournant politique de l'organisation engendre de vifs débats : d'aucuns souhaitent garder une ligne traditionnelle des Frères musulmans de formation de la jeunesse, apolitique, tandis que la ligne plus radicale du mouvement considère le moment propice à une entrée dans le jeu politique. Toutefois, l'enjeu stratégique prévaut, à savoir récupérer politiquement la révolte de la rue.

Le Hamas tire sa force des Frères musulmans palestiniens et de l'instrumentalisation de certains préceptes islamiques. En ce sens, la différence radicale avec les mouvements politiques qui lui préexistent (Organisation de Libération de la Palestine – OLP) est cette conjugaison entre religion (Islam) et politique, l'importance de l'enseignement de la

---

[4]   Voir également Defay, A., *op. cit.*, p. 6.

[5]   Lacoste, Y., *op. cit.*, p. 369-370.

[6]   Voir notamment Hroub, K., « Aux racines du Hamas. Les Frères musulmans », *Outre-Terre*, n° 22, 2009/1, p. 115-121 ; Encel, F. et Thual, F., *Géopolitique d'Israël. Dictionnaire pour sortir des fantasmes*, Paris, Seuil, 2004, p. 203-205.

charia et son application sur la scène politique. La réaction israélienne vis-à-vis de la création du Hamas ou, à tout le moins, son attitude peu réactive par rapport au développement des institutions des Frères musulmans palestiniens reste floue. Considérer ce mouvement comme un contrepoids à l'OLP de Yasser Arafat constitue dans l'absolu pour Israël une stratégie potentiellement porteuse, ce dernier se souciant alors peu ou prou du caractère révolutionnaire du mouvement.

Depuis les attentats contre les leaders du Hamas, en 2002 et 2004, les contours du bureau politique de ce mouvement sont extrêmement difficiles à définir, tant au niveau du rôle de chacun de ces membres qu'en matière de distinction des instances militaire et politique[7]. En dépit d'une relative stabilité conférée par la quatrième réélection consécutive de Mechaal à la tête du bureau depuis 1996, il n'en reste pas moins difficile de saisir la logique propre de cet organe, tant sa structure apparaît complexe. La dissémination des leaders du Hamas aux quatre coins du Moyen-Orient complexifie de surcroît la détermination de leur poids respectif. Néanmoins, comme le souligne Jean-François Legrain :

> Mechaal est le représentant diplomatique du mouvement. Son titre est chef du bureau politique, ce qui ne veut pas dire qu'il en est le patron. Le processus de décision du Hamas est collectif. Il y a dans l'organisation une tradition du débat interne et du consensus. La structure de décision [...] est composée d'une soixantaine de membres. Ceux-ci ne se réunissent pas physiquement au moment de la prise de décision. Certains sont à Gaza, en Cisjordanie, d'autres en prison en Israël ou encore en exil. Toute décision est prise en consultation de ces membres[8].

À l'issue de la guerre à Gaza, le Hamas paraît renforcé sur les plans interne et externe. Dès la fin des hostilités, il a repris la gestion du territoire dans la bande de Gaza, en y affichant sa présence de façon symbolique et manifeste. Il a immédiatement repositionné ses hommes dans les rues afin qu'ils assument des fonctions de police (régler la circulation aux carrefours) et de protection civile (évaluer l'ampleur des décombres et le coût de la reconstruction), ainsi qu'un rôle social, voire humanitaire (soutenir la population gazaouie et lui apporter l'aide nécessaire). La légitimité que Abbas possédait encore avant le déclenchement de l'offensive israélienne disparaît au premier jour de la guerre, d'aucuns lui reprochant sa trop grande proximité avec Israël et sa trop grande affabilité, étant peu enclin à faire entendre les souffrances de son peuple : « [la] position du président de l'Autorité palestinienne, [...]

---

[7] McGeough, P., *Kill Khalid : The Failed Mossad Assassination of Khalid Mishal and the Rise of Hamas*, New York, New Press, 2009.

[8] Legrain, J.-F., interviewé par Flandrin, A., « Kaled Mechaal. Itinéraire d'un chef du Hamas », *Courrier de l'Atlas*, n° 30, octobre 2009, p. 48.

Abbas, semble s'affaiblir de jour en jour. Sa stratégie consistant à poursuivre, contre vents et marées, le dialogue avec le gouvernement israélien n'a débouché sur aucun signe de progrès pour les Palestiniens »[9]. Le ton de Abou Mazzen a pourtant rapidement changé durant la guerre à Gaza : « [à] quoi cela sert-il si les portes restent fermées ? [...] Nous ne voyons aucune utilité de poursuivre les négociations de la façon dont elles se sont déroulées jusqu'à présent »[10]. Sur un plan strictement interne, le Hamas a ainsi gagné en crédibilité face au Fatah, incapable d'adopter une position forte face à Israël. Sur le plan externe, l'organisation a pris du relief. Tout d'abord, la fluidité de sa structure empêche Israël de réellement le déstabiliser, étant donné que son bureau politique est éparpillé au-delà de la bande de Gaza, d'Israël ou de la Cisjordanie. Ensuite, cette guerre a mis en exergue les relations privilégiées que cette organisation pouvait entretenir avec les différents États de la région. La Syrie, par exemple, a intercédé en faveur du Hamas dans le conflit pour l'inciter à mettre fin aux hostilités ; l'Iran est apparu comme le fer de lance de la cause palestinienne, relayant le rôle du Hamas dans ce combat ; l'Égypte a servi de relais entre les deux protagonistes, non sans mal, montrant ses faiblesses et ses limites face à une organisation issue de la mouvance des Frères musulmans. Enfin, les organisations internationales et les États qui les composent se sont trouvés désappointés face à une organisation identifiée comme terroriste et avec laquelle ils ne pouvaient dès lors négocier directement.

Si, à l'issue de la guerre à Gaza, le Hamas n'est pas victorieux sur le plan militaire, il l'est par contre sur le plan politique, dans la mesure où l'Europe, au même titre que les États-Unis, reconsidèrent la possibilité de négocier directement avec ce mouvement. Le Fatah perd sa crédibilité, laissant le champ politique entièrement libre au Hamas pour diriger la bande de Gaza, voire pour présider à terme l'Autorité palestinienne.

Le système politique israélien, un frein à la paix ?

Basé sur un mode de scrutin proportionnel, marqué par l'absence de Constitution et des coalitions ministérielles de plus en plus importantes, le système politique israélien repose sur le compromis et le consensus. Ne constituerait-il pas, de ce fait, un frein au processus de paix au Moyen-Orient et avec ses voisins palestiniens ? Afin de répondre à cette question, il importe de mobiliser l'histoire et de revenir sur les origines de l'État d'Israël.

---

[9]   « L'offensive d'Israël affaiblit l'Autorité palestinienne », *Le Monde*, 3 janvier 2009.

[10]   Propos de Abbas relevés dans « L'attaque israélienne affaiblit Mahmoud Abbas », *Le Monde*, 3 janvier 2009.

Il convient premièrement de noter que, plus de soixante ans après sa création, l'État israélien ne possède toujours pas de Constitution – bien qu'il ne soit pas le seul, le Royaume-Uni n'en disposant pas *stricto sensu* –, et ce, pour deux raisons essentielles : d'une part, les positions difficilement conciliables entre la place du religieux et la conception laïque de l'État et, d'autre part, le refus de certains partis religieux de considérer un texte ou une Constitution qui puisse être repris comme autorité supérieure pour l'État et qui ne serait pas, de fait, la Torah.

Deuxièmement, le système électoral israélien à la proportionnelle – voire « ultra-proportionnel » – avec une circonscription unique joue un rôle particulièrement important dans la constitution des gouvernements. D'une part, chaque liste électorale peut compter sur une série de députés à la Knesset, le Parlement israélien, à condition d'obtenir au moins 2 % des suffrages. Le pourcentage minimum a d'ailleurs fait l'objet de révisions : ainsi, il était de 1 % jusqu'en 1992, passant à 1,5 % entre 1992 et 2003 et à 2 % depuis 2003. D'autre part, il est extrêmement difficile de modifier le seuil de représentativité à la Knesset, étant entendu que la loi électorale ne peut être modifiée qu'à la majorité des parlementaires. Ce type de système électoral permet une multiplication des petits partis sur la scène politique israélienne. Avantageux dans le sens où la diversité « ethnique » de la population israélienne s'y trouve représentée, ce système peut toutefois s'avérer préjudiciable pour l'issue des négociations de paix, sachant que les petits partis sont construits sur la base d'intérêts sectoriels – assimilables aux *one-issue party*, c'est-à-dire défenseurs d'une cause unique – et particuliers avec une forte prégnante du clientélisme, radicalisant *de facto* les positions, les rendant inflexibles au compromis ou à une solution négociée. Dans ce type de configuration, il est bien entendu inenvisageable qu'un parti puisse remporter une majorité des sièges à la Knesset et ainsi diriger seul le pays et les négociations de paix.

Troisièmement, les clivages qui traversent la société israélienne ne permettent pas – ou très partiellement – l'établissement d'une coalition gauche/droite, évinçant les petits partis ultrareligieux ou ultranationalistes. En ce sens, trois clivages cristallisant les positions de chaque parti dans le jeu politique israélien peuvent être mis en exergue. Le premier ressort d'une opposition gauche/droite qui transparaît notamment à travers les aspects socio-économiques, mais qui se marque également sur les questions territoriales, à propos des relations avec les Arabes israéliens, en matière de politique étrangère ou de définition de l'identité nationale. Le deuxième clivage d'ordre religieux/laïc, élément central du projet sociétal israélien, se manifeste indéniablement dans les propos d'hommes politiques de droite comme Lieberman revendiquant le mariage civil – ce que contestent les partis religieux. Ce clivage fragilise les coalitions lorsqu'elles se composent des deux tendances, comme c'est le cas dans le gouvernement Netanyahu II. Enfin, le troisième clivage, centre/périphérie, regroupe les partis contestataires au projet sioniste de la société israélienne, mettant en évidence la présence de partis communistes et arabes. Les dernières élections ont notamment montré la féroce opposition des partis du centre envers les partis périphériques à la construction d'un projet sioniste israélien en tentant notamment à plusieurs reprises d'interdire leur liste aux élections[11]. La coexistence de ces trois clivages dans la société israélienne et sur la scène politique a toutefois tendance à amenuiser leurs effets et confrontations[12]. La nature de ces coalitions crée alors trois tendances qui sont de plus en plus prégnantes : d'abord, les tensions en leur sein sont moins faciles à apaiser, rendant les négociations et les compromis ardus ; ensuite, les coalitions changent régulièrement avec des gouvernements sans cesse recomposés et donc hétéroclites ; enfin, l'impact du chantage des petits partis est de plus en plus visible dans les décisions de la coalition, ceux-ci disposant *de facto* d'une large marge de manœuvre dans la mesure où ils gardent en effet la possibilité de faire tomber le gouvernement. L'instabilité du système augmente dès lors en permanence.

Si l'on centre, enfin, l'analyse sur les dernières élections de février 2009, force est de constater l'impact de la guerre à Gaza, tant sur la campagne, les hommes et femmes politiques que sur le tournant pris par le gouvernement israélien, le plus à droite de toute l'histoire de l'État. Dans un premier temps, la campagne électorale retardée par la guerre à Gaza s'est vue prendre des accents nationalistes, territoriaux et sécuritaires plus élevés que de coutume. Dans un deuxième temps, les positions politiques des candidats durant la guerre ont été scrutées par les électeurs israéliens, donnant une plus-value à Livni pourtant à la traîne dans les sondages précédant la guerre. Cette situation contribue à redorer le blason de Barak, permet aux travaillistes d'amoindrir la défaite électorale et, surtout, met en avant la droitisation de la scène politique en créditant Netanyahu et Lieberman d'un soutien massif sur leurs positions concernant les Arabes israéliens et l'importance de Jérusalem pour le peuple juif. Dans un troisième temps, si les électeurs ont voté majoritairement à droite, ils se sont également éparpillés dans une longue série de partis, douze au total[13]. Après avoir manqué l'intégration de *Kadima*

---

[11] « Deux partis arabes israéliens interdits d'élections législatives », *Le Figaro*, 14 janvier 2009.

[12] Mény, Y. et Surel, Y., *Politique comparée*, 8e édition, Paris, Montchrestien, coll. « Domat politique », 2009.

[13] *Kadima* (vingt-huit sièges), *Likoud* (vingt-sept), Israël notre maison – *Yisrael Beitenu* (quinze), Parti travailliste – *Avoda* (treize), *Shas* (onze), Judaïsme unifié de la Torah

et de Livni dans son gouvernement, Netanyahu a quant à lui dû composer avec pas moins de six partis politiques (*Likoud, Yisrael Beitenu,* Parti travailliste, *Shas, HaBayit HaYehudi* et *Yahadut HaTorah*) et une pléthore de postes ministériels (pas moins de trente ministres). Le premier changement est le tournant radical à droite. Bien que Netanyahu eût pu former un gouvernement composé exclusivement de partis de droite (soixante-cinq sièges sur cent vingt), il a préféré modérer l'orientation de son nouveau gouvernement – en y associant Barak et les travaillistes, peu dangereux électoralement parlant –, afin d'éviter de s'entourer uniquement de partis ultranationalistes et ultrareligieux, d'une part, et de limiter les risques d'une sanction focalisée sur la droite en cas de déconvenue, d'autre part[14]. Le deuxième changement est la quasi disparition de partis sectoriels *one-issue party* – tels que *Meretz* (cinq sièges en 2006 contre trois en 2009). Liés, les troisième et quatrième changements intervenus dans le paysage politique israélien sont marqués par la montée en force de *Yisrael Beitenu* (onze sièges en 2006 contre quinze en 2009) devenant la troisième famille politique du pays et, *a contrario*, la chute des travaillistes (dix-neuf sièges en 2006), malgré le soutien populaire accordé à Barak, en tant que ministre de la Défense, après la guerre à Gaza.

Finalement, si le système politique peut représenter un frein aux négociations de paix et à la prise de décisions israéliennes allant dans ce sens, sous l'influence des clivages gauche/droite, religieux/laïc et centre/périphérie, le seul jeu politique ne peut tout expliquer. Comme le souligne Denis Charbit[15], la puissance d'une organisation comme *Shalom Arshav* (« La Paix Maintenant ») dès 1978, volontairement extraparlementaire, vient ajouter une pression supplémentaire sur le gouvernement pour trouver rapidement une issue au conflit, au regard des mobilisations que le mouvement produisait en Israël, réunissant des dizaines de milliers de personnes dans les rues de Tel Aviv, de Jérusalem ou de Haïfa. En 1988, par exemple, l'organisation mobilise 100 000 personnes en soutien à la paix, suite à la reconnaissance par Arafat de l'État d'Israël. La deuxième *Intifada* marque un véritable coup d'arrêt au processus de paix dans l'esprit israélien, poussant les organisations en faveur de la paix à revêtir davantage un rôle

---

– *Yahadut HaTorah* (cinq), Liste arabe unie (quatre), Front démocratique pour la paix et l'égalité – *Hadash* (quatre), Union nationale – *Halchud HaLeumi* (quatre), Assemblée démocratique nationale – *Balad* (quatre), Maison juive – *HaBayit HaYehudi* (trois) et *Meretz* (trois).

[14] Meny, Y. et Surel, Y., *op. cit.*

[15] Charbit, D., « Paysage après la bataille : les forces politiques en Israël 2000-2005 », *Confluences Méditerranée*, n° 54, 2005, p. 139-154.

d'observateur, d'informateur et de mise en garde pour la classe politique israélienne, internationale et l'opinion publique.

L'Égypte : interlocuteur et/ou acteur ?

Le 26 mars 1979, l'Égypte et Israël signent un accord de paix sur la pelouse de la Maison Blanche en présence du président Jimmy Carter, devant un parterre de journalistes. Si les relations diplomatiques entre les deux États se transforment et si la population israélienne place beaucoup d'espoir dans la signature réitérée d'accords de paix, l'Égypte subit de front la contestation arabe qui la boycotte directement l'exclut de la Ligue des États arabes dont le siège est transféré du Caire à Tunis. L'URSS voit également dans cet accord une perte d'influence sur la région. Le 25 avril 1982, l'accord de paix entre en vigueur lorsque les dernières troupes israéliennes évacuent le Sinaï. L'assassinat de Sadate en octobre 1981 met cependant en exergue les tensions qui subsistent autour des accords de paix avec Israël. D'aucuns visent un véritable nationalisme panarabe, regroupant les nations arabes autour d'un grand projet commun. C'est sans compter sur les intérêts propres à chaque État de la région. Le président Moubarak est alors confronté à un double enjeu : maintenir ses relations diplomatiques avec Israël et recouvrer un statut de grand État régional reconnu par ses pairs. Communément appelée « paix froide », la stratégie choisie consiste à passer sous silence les relations avec Israël : en 1989, l'Égypte réintègre la Ligue des États arabes et le Caire redevient son siège. Si la paix froide est une bonne stratégie régionale pour l'Égypte, elle l'est considérablement moins pour les relations entre les deux États et, plus globalement, pour la reconnaissance d'Israël par les autres États arabes. Se cantonnant à des accords économiques sur le pétrole et le gaz, les échanges ne permettent que de manière très limitée la rencontre des deux populations. Pourtant, des chantiers ont vu le jour entre les deux États et auraient pu être valorisés, tels que les aides agricoles israéliennes, les techniques d'irrigation et même l'exportation de cultures de fruits vers l'Égypte au début des années 1980. Ces types d'échanges demeurent cependant marginaux, et ce, pour deux raisons : la première est que le peuple égyptien a été instrumentalisé par les organisations radicales, les Frères musulmans ou les anciens nasséristes, par exemple ; la seconde raison est que toute mise en évidence des bonnes relations entre les deux nations aurait mis à mal la volonté égyptienne de récupérer son prestige et son leadership régional. Dès lors, les échanges souhaités par Israël sur des politiques comme le tourisme ou les nouvelles technologies ont toujours été refusés.

Au sortir de la guerre à Gaza, si l'Égypte conserve son rang de premier médiateur sur la scène internationale, essentiellement pour les États-Unis et l'Europe, le bilan s'avère plus mitigé sur la scène régionale, à plusieurs niveaux. Le premier est que le médiateur « idéal » s'est finalement révélé être partie prenante au conflit. En effet, la lutte de l'Égypte contre le mouvement des Frères musulmans sur son territoire rend difficile la négociation directe avec le Hamas. D'ailleurs, durant la guerre à Gaza, l'Égypte a dû maintenir sa position forte de médiateur face aux manifestations, mobilisations et émeutes ; le cas échéant, en emprisonnant les contestataires et les Frères musulmans opposés aux négociations avec Israël. Le deuxième point est la contestation des États arabes de la région face à la position égyptienne de médiateur, alors que le pays était lui-même indirectement impliqué dans le conflit à travers sa gestion de la frontière commune avec la bande de Gaza. Le troisième élément est l'intérêt pour l'Égypte de conserver son leadership régional dans la résolution du conflit israélo-palestinien, afin de ne pas perdre la main au profit d'États comme le Qatar ou la Syrie, plus en position d'équilibre entre les États modérés et radicaux.

D'un point de vue géopolitique, l'Égypte et Israël ont des intérêts vitaux communs qui exigent une coopération et un dialogue constant : leur sécurité passe par la résolution du conflit israélo-palestinien, la lutte contre le terrorisme et l'islam radical. L'Égypte prône, dans le cas d'une résolution du conflit, une réconciliation préalable entre le Hamas et l'Autorité palestinienne pour la construction d'un État palestinien et pour sa sécurité étant donné l'origine du Hamas, branche palestinienne des Frères musulmans, interdit en Égypte. Sur le plan régional, l'Égypte et Israël sont confrontés à la montée en puissance de mouvements radicaux, instrumentalisés par l'Iran et peuvent donc faire face ensemble à la menace. La naissance d'un réseau du Hezbollah en Égypte fomentant des attentats sur le territoire[16] accentue d'autant la pression sur les pays modérés de la région.

Enfin, l'Égypte et son président Moubarak, octogénaire, est plus proche d'une nouvelle ère politique que d'une consolidation du régime : les générations changent, ce qui ne rassure pas toujours Israël. D'une part, les Frères musulmans interdits sont toujours forts politiquement en Égypte et, d'autre part, Moubarak, pourtant ouvert au dialogue avec Israël, n'a pu mettre fin à ce régime de paix froide entre les deux États. Si la paix froide était la stratégie égyptienne pour revenir sur la scène régionale, l'« optimisme prudent »[17] tend à être la stratégie israélienne face aux transformations que subit l'Égypte.

---

[16] « Tensions entre l'Égypte et le Hezbollah », *Le Monde*, 13 avril 2009.

[17] Mazel, Z., « Les relations Israël-Égypte : hier et aujourd'hui », conférence donnée à la Foire du Livre de Turin, 15 mai 2009. Zvi Mazel a été ambassadeur d'Israël en Roumanie, en Égypte et en Suède.

Syrie, la modérée ?

Depuis le début des années 1980 et la guerre irano-irakienne, la Syrie a pris position en faveur de l'Iran : ce qui donne *ipso facto* une longévité indiscutable à la relation entre les deux États. Répondant à des intérêts syriens, les enjeux de ce rapprochement sont à l'origine de deux ordres : si le premier motif tient dans la rivalité entre les partis baasistes syrien et irakien, le second met au jour la stratégie de surenchère menée par la Syrie visant à soutenir Téhéran pour susciter en retour l'aide financière d'États du Golfe soucieux des conséquences régionales d'un État syrien dorénavant placé sous perfusion iranienne. Aujourd'hui, les liens entre les deux États se traduisent par un soutien commun au Hezbollah au Liban, au Hamas, et particulièrement à Mechaal en exil à Damas – pièce maîtresse, selon eux, de la réconciliation palestinienne Hamas-Fatah. Ils apparaissent par contre divisés sur la position à adopter vis-à-vis d'Israël : là où l'Iran tient résolument un discours virulent à l'encontre de cet État, la Syrie d'al-Assad exprime depuis les années 2000 le souhait de reprendre les négociations avec ses homologues israéliens[18], particulièrement sur les enjeux bilatéraux majeurs que représentent pour ces voisins la sécurité, les questions territoriales (le Golan) et des ressources hydriques. Et les trente-trois jours de guerre au Liban en 2006 ne changent officiellement pas la donne : si la Syrie ne s'implique pas directement dans le conflit aux côtés du Hezbollah[19], elle ne réagit pas plus en 2007 au bombardement israélien d'un site nucléaire syrien présumé (Al-Kibar).

Au sortir de la guerre à Gaza, la Syrie a vu son rôle régional prendre de l'ampleur, et ce, sur quatre fronts stratégiques. Premièrement, Israël prend conscience, au même titre que la France et les États-Unis, de l'importance de Damas dans la zone moyen-orientale, eu égard à ses relations avec Téhéran mais également à son rapprochement avec Riyad. Le 7 octobre 2009, la visite en Syrie du Roi Abdallah d'Arabie saoudite annonce la détente des relations bilatérales sur de nombreux dossiers régionaux comme la question du Liban, celle des liens irano-syriens et de la crainte syrienne corrélative d'un possible isolement régional, celle de l'aide aux Palestiniens et celle de la stabilité en Irak. Par ailleurs, la Syrie renforce son poids régional sur le front stratégique que constitue sa frontière avec Israël. L'importance de cette zone, dont la stabilisation dépend notamment du règlement de la question du statut du Golan, réside dans la capacité syrienne d'éviter tout conflit susceptible de

---

[18] Voir à ce sujet Daoudy, M., « Le Long chemin de Damas. La Syrie et les négociations de paix avec Israël », *Les études du CERI*, n° 119, 2005, p. 1-50.

[19] Karmon, E., « En quoi le Hezbollah est-il une menace pour l'État d'Israël ? », *Outre-Terre*, n° 13, 2005/4, p. 391-416.

s'envenimer au départ du dossier nucléaire iranien. La force de dissuasion de Damas représente dès lors, pour Jérusalem, un facteur crucial dans la stabilité de la région et la sécurité israélienne. Le conflit israélo-palestinien constitue également un front sur lequel la Syrie possède un avantage : en trouvant asile à Damas, Mechaal a *de facto* conféré à cet État un atout de taille – notamment par rapport à l'Égypte – pour négocier directement avec le Hamas. Enfin, dans la mesure où l'armement iranien à destination du Hezbollah transite par la Syrie, le maintien d'un climat constructif entre ces deux nations participe au renforcement du contrôle du Hezbollah et constitue un moyen de pression pour l'empêcher de commettre toute attaque d'Israël via la frontière syrienne, étant donné la sécurisation permanente de la FINUL II le long de la frontière israélo-libanaise. Partant, la Syrie pourrait jouer un véritable rôle de stabilisateur régional, ce qu'ont bien compris les présidents français et américain.

Envisagée par Netanyahu en tentant un dialogue direct avec Damas, la stratégie de contournement de la Turquie – intermédiaire entre Israël et la Syrie – illustre tout autant la prise de conscience du gouvernement israélien de l'importance grandissante de al-Assad dans la région. Lors de sa visite officielle à l'Élysée le 11 novembre 2009, Netanyahu se déclarait à cet égard « prêt à rencontrer le président syrien à tout moment et quel que soit l'endroit pour reprendre les négociations de paix, sans aucune condition préalable »[20]. Par ailleurs, profiter de la visibilité internationale que confère toute visite officielle pour faire passer le message aux représentants syriens constitue un acte diplomatique fort, dans la mesure où l'État français s'est fortement rapproché – surtout depuis l'élection de Sarkozy – de son homologue syrien.

De nouvelles tensions régionales ?

La Ligue des États arabes, divisée ?

Historiquement, la Ligue arabe[21] est créée le 23 mars 1945 au titre d'organisation de coopération politique et économique des États arabes. Sous la pression londonienne – le Royaume-Uni étant soucieux de maintenir son influence au Moyen-Orient – la Ligue arabe se fixe trois objectifs fortement empreints idéologiquement : le premier consiste à mettre fin à la présence française en Syrie et au Liban. Les deux autres

---

[20] Voir à ce sujet « Israël prêt à discuter avec la Syrie "sans conditions" », *Le Monde*, 11 novembre 2009.

[21] Aujourd'hui, la Ligue des États arabes compte vingt-deux membres : Arabie saoudite, Algérie, Bahreïn, Comores, Djibouti, Égypte, Émirats Arabes Unis, Irak, Jordanie, Koweït, Liban, Libye, Maroc, Mauritanie, Oman, Palestine, Qatar, Somalie, Soudan, Syrie, Tunisie et Yémen.

objectifs visent respectivement à empêcher la montée de l'influence américaine dans la région et à limiter celle de Moscou, en soutenant notamment le développement de partis communistes arabes[22]. Après seulement deux ans d'existence, la Ligue arabe connaît un important revirement idéologique en entamant une lutte contre l'État israélien, tant par le biais de sanctions économiques comme le boycott de produits que sur la scène internationale et à l'Onu par l'introduction régulière de résolutions à son encontre. Dans la mesure où les accords de paix de Camp David entre Israël et l'Égypte évincent de la lutte anti-israélienne l'un des leaders de la Ligue arabe, celle-ci voit sa construction idéologique antisioniste tomber en désuétude. Cet étiolement se traduit alors par l'avènement de fortes divisions internes quant à l'attitude à avoir envers Israël et les États-Unis : en l'absence de consensus, la Ligue arabe se risquera notamment à adopter certaines positions communes en sachant qu'elles ne seront pas respectées par l'ensemble de ses États membres.

La guerre à Gaza ne fait que confirmer les différents clivages, tensions et impasses auxquels est confrontée la Ligue arabe. À la mi-janvier 2009, deux sommets vont ainsi se percuter dans les agendas des chefs d'État arabes. Officiel, le sommet de Koweït-City des 19 et 20 janvier fut dirigé par l'Égypte et l'Arabie saoudite. Trois jours au préalable, les ministres des Affaires étrangères de la Ligue arabe s'étaient déjà rencontrés pour discuter de la situation dans la bande de Gaza : ils avaient alors pris une résolution requérant l'arrêt immédiat des hostilités à Gaza et adopté une série de recommandations sur la responsabilité d'Israël, réclamant des poursuites pour crime contre l'humanité, l'envoi d'aides humanitaires, le transfert d'aides financières pour la reconstruction ou encore la révision des relations avec Israël. Dans la foulée, le Qatar organisait à la hâte le vendredi 16 janvier 2009 un mini-sommet à Doha. Seuls treize États membres de la Ligue arabe (le quorum étant de quinze membres pour parler de « sommet ») ont assisté à cette rencontre – d'aucuns arguant du sommet à Koweït-City prévu de longue date pour refuser l'invitation. L'absence des deux grands États (Égypte et Arabie saoudite) fut remarquée. Officiellement, ces derniers ne souhaitaient pas multiplier les sommets. Officieusement, ils entendaient ainsi garder la main sur les négociations et conserver la direction du sommet, d'autant que l'Égypte maintenait son refus d'ouvrir son territoire à la bande de Gaza pour permettre aux civils de fuir les zones de combat. Si les tensions ont été manifestes – le Secrétaire général de la Ligue arabe n'hésite pas à qualifier le monde arabe de « chaotique » –, l'apaisement est cependant au rendez-vous au

---

[22]   Encel, F. et Thual, F., *op. cit.*, p. 40-42.

terme du Sommet koweïtien, où ont pu se rencontrer et s'accorder sur une position arabe forte à l'encontre d'Israël dans la guerre à Gaza Moubarak, le roi Abdallah II, le cheikh Hamad ben Khalifa al-Thani et al-Assad. Fort du succès de cette rencontre diplomatique et de la conclusion d'un accord financier pour la reconstruction de la bande de Gaza, le chef d'État qatari n'hésitera pas à parler de « réconciliation arabe »[23].

Le Qatar, équilibriste ou juste milieu ?

Les relations entre le Qatar et Israël sont relativement complexes. D'aucuns y voient une porte ouverte aux relations avec les États-Unis, là où d'autres y perçoivent avant tout un intérêt commercial afin de permettre au Qatar d'écouler sa production de gaz. Au vu de ses rapports avec le reste du monde, le Qatar n'apparaît pas avant 1995 comme un acteur influent dans la région moyen-orientale, et est même souvent qualifié de suiveur de la politique saoudienne. Un changement s'opère en juin 1995, lorsque le Cheikh Hamad remplace son père au pouvoir. Dès son accession, le nouveau dirigeant tente de positionner le Qatar sur les échiquiers régional et mondial, se détachant non sans frictions de l'imposante influence saoudienne. En 1996, il finance notamment le lancement de la chaîne de télévision *Al-Jazira*. Un an plus tard, les tensions s'intensifient à nouveau lorsque le Cheikh propose d'accueillir le sommet économique *Middle East and North Africa* (MENA) et le représentant israélien. Dans la foulée, les relations israélo-qataries connaissent pour un temps une relative amélioration. En 2005, le Qatar demandera ainsi à Israël de soutenir sa candidature en tant que membre non permanent au Conseil de sécurité des Nations unies – le Qatar y siègera les deux années suivantes (2006-2007) –, candidature soutenue après que ce dernier eût maintenu ses relations diplomatiques avec Israël durant la deuxième *Intifada*. La méfiance survient cependant en 2006 du côté israélien, lorsque le Qatar s'oppose à la Résolution 1696 du Conseil de sécurité fixant un ultimatum à l'Iran sur son programme d'enrichissement d'uranium. Pour Uzi Rabi, le comportement du Qatar et son rapprochement avec l'Iran ne doit toutefois pas se comprendre comme une réaction à l'encontre d'Israël, mais davantage comme une compensation à la très forte présence saoudienne dans les petits États du Golfe[24].

Si la guerre à Gaza a permis au Qatar de conforter son rôle au Moyen-Orient, ses objectifs demeurent relativement flous. Est-il l'instigateur d'un axe radical au sein de la Ligue arabe ou, au contraire, joue-t-

---

23 Makinsky, M., « Le Qatar et Gaza : révélateur d'enjeux conflictuels, savant jeu d'équilibre », *Outre-Terre*, n° 22, 2009/1, p. 167-173.

24 Rabi, U., « Qatar's Relations with Israel. An Exemplar of an Independent Foreign Policy », *Tel Aviv Notes*, 2008.

il un rôle ambigu, et parfois dangereux, entre modérés et radicaux, entre scène internationale et espace régional ? À tout le moins, le Qatar a tenu un discours contradictoire à l'égard d'Israël, soufflant le chaud et le froid sur l'avenir de leurs relations diplomatiques, tantôt en menaçant de les rompre, tantôt en soutenant ouvertement le Hamas et l'axe irano-syrien. Considérant que leur passé diplomatique a permis d'atténuer les effets de la critique qatarie sur l'intervention israélienne[25], il importe d'analyser la position du Qatar dans le cadre de la guerre à Gaza et, plus spécifiquement, les enjeux liés au maintien de ses relations diploma-tiques avec Israël. Le Premier ministre qatari s'est en effet opposé à toute fermeture unilatérale du bureau commercial israélien de Doha, c'est-à-dire sans décision collective de la Ligue arabe. Cette position s'inscrit dans les recommandations du sommet socio-économique arabe de Koweït-City du 14 au 20 janvier 2009, dont notamment celle incitant à revoir les relations israélo-arabes. Aux termes de ce sommet et eu égard au consensus des États arabes, le Qatar a gelé ses relations diplo-matiques avec Israël.

L'enjeu du contre-pied qatari est double. Non seulement, cet État souhaite s'écarter de la tendance « modérée » de ceux qui, à l'image des États-Unis, de l'Égypte et de l'Arabie saoudite, refusent de considérer le Hamas comme un interlocuteur potentiel des négociations. Mais le Qatar ne souhaite pas pour autant s'aligner sur la frange la plus radicale des pays arabes, ni défendre une position pro-iranienne. En ce sens, il conserve de bonnes relations diplomatiques avec les États-Unis, saluant l'initiative du gouvernement Obama sur la réouverture d'un dialogue avec l'Iran.

Ce « non-alignement » accroît la position stratégique du Qatar au Moyen-Orient. Tout en entretenant ses relations diplomatiques avec Israël, il parvient à conserver un rapport privilégié avec l'Iran, la Syrie et le Hamas, qu'il considère comme le premier interlocuteur dans la bande de Gaza. Peut-il pour autant apparaître comme le vecteur d'une détente régionale, point d'équilibre entre deux tendances qui s'opposent dans les négociations avec le Hamas et sur la direction de la région ? À l'image de la Syrie, l'État qatari possède toutes les cartes en main pour jouer un rôle de *go-between*, c'est-à-dire de « facilitateur » de la détente, de la conciliation et du consensus sur la scène régionale. Ainsi en atteste sa stratégie politique en matière de gestion – suspension ou non – de ses relations diplomatiques.

---

[25] Un constat similaire avait déjà été établi lors de la seconde guerre du Liban en 2006.

La Turquie, un pas de côté ?

La reconnaissance de l'État d'Israël par la Turquie le 28 mars 1949 marque l'entame de leurs relations diplomatiques. Hormis un rapprochement avec l'Iran et l'Éthiopie en 1958, ces dernières n'évoluent cependant guère avant le début des années 1990. Pour rappel, la guerre froide et la question chypriote ont fortement nui aux relations entre les États-Unis et la Turquie, contribuant à favoriser le glissement vers les pays arabes de celle qui demeure désireuse de trouver un soutien financier après la crise pétrolière des années 1970 et de mettre un terme à son isolement imposé par Washington. La période post-guerre froide traduit à son tour un rapprochement entre Israël et la Turquie, et ce, pour trois raisons. Historique et liée au contexte international, la première résulte de la relative stabilité régionale observée au début des années 1990. Cette période apparaît propice aux rapprochements avec Israël, comme l'illustrent les accords de paix israélo-jordaniens de 1994. La deuxième raison répond à la défense d'intérêts proprement turcs et réside dans la nécessité pour la Turquie de trouver, au travers des grands lobbies israéliens, des « alliés » au Congrès américain pour y contrer l'influence des puissants groupes de pression grecs et arméniens lui portant préjudice, notamment en termes d'accords économiques et militaires. Le rapprochement turco-israélien viserait, troisièmement, à contrer la montée en puissance de l'islamisme radical instrumentalisé par l'Iran. L'enjeu est ici davantage politique qu'idéologique, puisqu'il s'agit de se rapprocher, sinon de rejoindre, le giron occidental, que ce soit par le biais d'aides financières ou l'espoir d'adhésion à l'Union européenne. En 1996, Israël et la Turquie signent ainsi des accords de coopération militaire et de libre-échange[26]. Du côté israélien, ce rapprochement répond à plusieurs enjeux stratégiques, tels que l'encerclement de l'Iran et la lutte contre les nouveaux mouvements fondamentalistes, l'utilisation des bases turques pour l'aviation israélienne et l'établissement de relations nouvelles avec l'Asie centrale par l'intermédiaire de la Turquie. En 2002, l'arrivée au pouvoir du Parti de la justice et du développement (AKP) sonne le glas des velléités coopératives. Deux ans plus tard, l'AKP accuse Israël de « terrorisme d'État » suite à l'assassinat du Cheikh Yassine et change radicalement l'orientation de la politique étrangère du pays, en soutenant désormais les positions régionales de l'Iran et la Syrie et en invitant le Hamas victorieux aux élections législatives de janvier 2006 – non sans générer certaines tensions avec Israël. Les relations entre la Turquie, Israël et les

---

[26] Metin Hakki, M., « Dix ans d'alliance turco-israélienne : succès passés et défis à venir », *Politique étrangère*, n° 2, 2006, p. 421-430.

États-Unis se raidissent également à propos du futur de l'Irak, particulièrement sur la question kurde.

La guerre à Gaza égratigne *a priori* encore davantage ce qui reste des relations diplomatiques entre Israël et la Turquie. Le premier affrontement direct à cet égard eut lieu en janvier 2009 au Forum économique mondial de Davos, lors d'une échauffourée entre les deux présidents, Recep Tayyip Erdogan et Shimon Peres – ces derniers s'étaient invectivés sur la manière de mener la guerre, sur l'opportunité de la maintenir et sur le nombre de victimes palestiniennes. Enjeu électoral et rancœur peuvent justifier partiellement cette opposition entre les deux hommes. Le soutien d'une position anti-israélienne lors de la guerre à Gaza a en effet constitué en Turquie un réel enjeu électoral, en prévision des municipales de mars 2009. Le ressentiment à l'encontre d'Israël n'a cessé de grandir et son amplification résulte, notamment, de l'amalgame avec la communauté juive turque, victime de faits de vandalisme ou d'actes et propos antisémites. Par ailleurs, la Turquie n'a pas complètement accepté le fait que Olmert ne respecte pas les discussions entamées avec elle, tant sur la situation humanitaire critique dans la bande de Gaza que concernant le rapprochement avec la Syrie auquel elle a travaillé.

Depuis la guerre à Gaza, la Turquie a multiplié les actes de désengagement à l'égard d'Israël, en annulant ou repoussant des opérations militaires conjointes prévues entre les deux États, d'une part, et en se rapprochant d'États de la région moyen-orientale comme l'Iran, la Syrie, l'Irak ou l'Autorité palestinienne, d'autre part. Deux événements récents ont renforcé le malaise bilatéral. Le premier est l'annulation de l'opération militaire aérienne *Anatolian Eagle* entre Israël, la Turquie, les États-Unis et l'Italie : l'utilisation pour la manœuvre d'avions israéliens ayant servi à bombarder la bande de Gaza en janvier 2009 fut le motif invoqué par les Turcs[27]. Le second événement notable dans le chef de la Turquie est sa mobilisation réitérée du sentiment anti-israélien et l'instrumentalisation corrélative du rapport Goldstone accusant Israël et le Hamas de « crimes de guerre », en vue d'ériger Erdogan en porte-parole du peuple palestinien[28]. Afin de devenir un acteur incontournable dans la région, la Turquie multiplie les contacts tout en jouant les médiateurs dans le cadre du conflit israélo-palestinien, mais également entre Israël et d'autres États de la région comme la Syrie. Cette stratégie répond à une volonté de s'imposer politiquement, à court ou moyen

---

[27] « Le glissement géopolitique de la Turquie inquiète Israël », *Le Monde*, 11 novembre 2009.

[28] « En Turquie, le Premier ministre, Recep Tayyip Erdogan, exploite un sentiment d'hostilités vis-à-vis d'Israël », *Le Monde*, 20 octobre 2009.

terme, en s'appuyant sur ses atouts économique (première dimension de ses relations diplomatiques), énergétique (disposant de la maîtrise de distribution de l'eau dans la région et du passage de pipelines), politique (devenant un modèle dans le monde arabe par sa conciliation entre Islam et laïcité) et militaire (possédant la plus grande armée de la région). Malgré ses intentions, la Turquie a réduit ses accords de coopération avec Israël sans totalement y mettre fin, pratiquant le « deux poids, deux mesures » là où des intérêts stratégiques demeurent en jeu : la construction du réseau de pipelines entre les ports de Haïfa et Ceyhan, fournissant de l'eau et du gaz, se poursuit ; l'accord de libre-échange de 1996 a donné un véritable souffle aux deux économies ; les coopérations militaires et de renseignements se maintiennent, voire sont élargies aux échanges scientifiques, technologiques, etc[29].

Bien qu'affichant un statut d'allié, la Turquie est de plus en plus mirée d'un œil interrogatif, voire suspicieux, par la lucarne israélienne : Israël se montre ainsi particulièrement critique à l'égard de certains rapprochements régionaux opérés par l'État turc qui, de surcroît, apparaît comme la cause des frictions israélo-américaines. Si les États-Unis approuvent la volonté turque de prendre en main « la direction » du Moyen-Orient, Israël fait mine d'une méfiance accrue face au revirement de la Turquie.

L'esprit de compétition est manifeste au Moyen-Orient et la guerre à Gaza constitue à ce titre un événement opportunément éclairant. Plusieurs États souhaitant s'imposer politiquement comme leader régional ont dès lors mobilisé leurs forces militaire, diplomatique ou encore économique, afin de tenter de solutionner l'un des conflits les plus durables et d'engranger concomitamment du prestige auprès de leur population, voire auprès de la population mondiale.

De nouveaux acteurs internationaux au conflit ?

L'arrivée d'Obama à la présidence américaine, entre rupture et continuité

Historiquement, les États-Unis n'ont pas toujours été d'inconditionnels défenseurs des intérêts israéliens, usant d'ambivalence politique sur la question. S'ils ont souvent affiché un soutien absolu à Israël, ils ont également pu se désolidariser de certaines décisions et actes israéliens dans la région et dans les territoires voisins. Si l'intérêt américain pour le Moyen-Orient a nécessairement partie liée avec sa richesse en ressources pétrolières, les virevoltes américaines à l'égard d'un futur État

---

[29] Öztürk, A., « Le dernier Ottoman ? La Turquie après la guerre de Gaza », *Outre-Terre*, n° 22, 2009/1, p. 175-180.

israélien apparaissent durant les mandats du président Franklin Delano Roosevelt, tenu de composer avec les groupes d'intérêt sionistes[30] naissant aux États-Unis et de potentiels alliés régionaux comme l'Arabie saoudite. Un choix cornélien s'impose alors entre enjeux électoraux et enjeux stratégiques et énergétiques[31].

Cette position ambiguë entre Israël et certains régimes moyen-orientaux – prenant parfois des allures de grand écart – constituera la règle des politiques régionales américaines. Ce fut notamment le cas lors de la guerre des Six Jours : non seulement le président Lyndon Baines Johnson fournit à Israël armement et renseignements sur les positions égyptiennes, mais il lui promet également un soutien politique indéfectible au sein des instances onusiennes – en s'opposant à toute résolution jouant en défaveur d'Israël. Cette situation relève d'un subtil jeu d'équilibre et ne demeure pas inaliénable, comme l'illustre l'adoption le 22 novembre 1967 de la résolution 242 du Conseil de sécurité des Nations unies, soutenue par les États-Unis contre Israël afin de préserver la relation avec les gouvernements arabes, principalement avec les Saoudiens. Le double jeu américain est également patent dans la gestion du dossier nucléaire israélien. Les deux partenaires passent par différentes phases successives (démenti, réconciliation, ambiguïté, opacité) afin de ne pas se mettre respectivement en danger : non seulement les États-Unis en pleine lutte contre la prolifération nucléaire risquent le discrédit en cas d'annonce israélienne de possession de l'armée atomique, mais la mise au jour du programme nucléaire israélien constituerait également un risque pour la stabilité régionale, en termes de course à l'armement et de recomposition géopolitique. Si l'ambiguïté était la règle avant 1967, la relation israélo-américaine connaît un tournant après la guerre des Six Jours, Washington prenant alors conscience de la puissance militaire israélienne et des réels atouts que représente cette alliance sur la scène régionale. Dès le début des années 1970, l'aide financière américaine et les fournitures d'armes affluent en Israël[32]. Bien présent au Congrès, le lobby pro-israélien tente d'influer sur les politiques étrangères des États-Unis au Moyen-Orient, sans pour autant que ces prises de positions apparaissent comme le résultat du seul diktat des lobbies israéliens. L'importance de la géopolitique et des intérêts proprement américains doit être considérée principalement.

---

[30] Voir au sujet du lobby juif américain, Kaspi, A., *Les Juifs Américains*, Paris, Points, 2009 ; Mearsheimer, J. J. et Walt, S. M., *Le lobby pro-israélien et la politique étrangère américaine*, Paris, La Découverte, 2009.

[31] Mikaïl, B., *La politique américaine au Moyen-Orient*, Paris, Dalloz, 2006.

[32] Voir à ce sujet Massing, M., « Deal breakers », *The American Prospect*, vol. 13, n° 5, 2002.

La guerre à Gaza, l'investiture du président Obama et les élections législatives israéliennes n'ont pas été sans impact sur le Moyen-Orient et, peut-être encore davantage, sur les relations entre les États-Unis, le monde arabo-musulman, Israël et les lobbies pro-israéliens. Plusieurs signes laissaient présupposer de l'avenir de l'évolution des relations bilatérales entre Israël et les États-Unis[33] : parmi d'autres, les supputations israéliennes durant la guerre à Gaza à propos de la qualité du soutien du futur président américain, le discours du Caire du 4 juin 2009, la rencontre de chefs d'État arabes à la Maison Blanche ou encore les mésententes sur la colonisation. La lecture des relations israélo-américaines à travers le prisme de la guerre à Gaza, tout d'abord, et plus encore de la gestion de sortie de crise apparaît renouvelée. L'absence de réaction et le manque de soutien américains envers Israël, tout comme l'empressement israélien de mener et conclure cette guerre avant la prise de fonction de l'administration Obama pouvaient être interprétés comme un revirement de politique étrangère sous le sceau d'un nouveau président américain moins enclin à prendre *ipso facto* position en faveur d'Israël. Lors de la composition de son gouvernement, Obama a par exemple tenu à connaître les coteries ayant soutenu la campagne d'Hillary Clinton avant de la nommer secrétaire d'État, sachant que le lobby pro-israélien[34] – comme l'*American Israel Public Affairs Committee* (AIPAC) et la *Conference of Presidents of Major Jewish Organisations* – était particulièrement actif derrière l'ex-première dame des États-Unis. Dans le même ordre d'idées, la nomination comme émissaire spécial pour le Moyen-Orient de Mitchell, auteur en 2001 d'un rapport défavorable aux actions de colonisation israéliennes, pouvait constituer un acte indiciel de l'éloignement américain, quoique à pas feutrés, d'une défense inconditionnelle de l'intervention d'Israël à Gaza. Sur le plan diplomatique, une modification des priorités et du schéma classique en ce qui concerne les premières rencontres au sommet est également source de crispations israéliennes, Obama ayant reçu certains chefs d'État arabes à la Maison Blanche (dont Abdallah II de Jordanie, le 21 avril 2009) avant la venue de Netanyahu (intervenue le 18 mai 2009, bien qu'il soit investi depuis le 31 mars). Dans la foulée et dans le même esprit, le discours du Caire redéfinit la perception américaine du Moyen-Orient en mettant l'accent sur la compatibilité entre l'Islam et l'Occident – les États-Unis, en particulier –, et en misant davantage sur la coopération. En dressant les contours d'une nouvelle ère de relations diplomatiques avec cette région, Obama entend redorer le blason américain.

---

[33] Razoux, P., « Nouvelle donne au Proche-Orient ? », *Politique étrangère*, n° 3, automne 2009, p. 663-675.

[34] Le terme de « lobby pro-israélien » a été préféré à celui de « lobby juif », plus proche de la version anglaise *Israel lobby*.

D'aucuns y interprèteront l'annonce d'un réel changement dans le soutien américain à Israël, s'appuyant également sur l'effet de surprise produit par ce discours sur le Premier ministre israélien non préalablement informé de son contenu. Enfin, côté israélien, le plus grand changement réside dans le tournant à droite généré par les élections législatives. Obligé de composer avec des partis ultranationalistes et ultrareligieux, Netanyahu ne dispose que d'une très faible marge de manœuvre dans la négociation d'un plan de paix global pour la région comme dans l'arrêt de la colonisation israélienne, notamment à Jérusalem-Est – pierre d'achoppement avec les États-Unis – où il est poussé par les partis radicaux de sa majorité.

En dépit de ces effets de distanciation, les pressions sont perceptibles tant par le biais du lobby pro-israélien aux États-Unis qu'à travers la diminution du soutien américain envers Israël au sein d'instances internationales comme le Conseil de sécurité des Nations unies, par exemple. Conscient de la puissance du lobby pro-israélien, le président Obama multiplie les gestes d'apaisement envers la communauté juive américaine. Depuis son élection pourtant, les signaux s'amplifient : si l'AIPAC voit d'un bon œil la nomination de Rahm Emanuel[35] au poste de Directeur de cabinet[36], de Dennis Ross en charge du dossier iranien au département d'État[37] ou encore de Hillary Clinton comme secrétaire d'État[38], les rapprochements du Président avec Damas, le dialogue avec l'Iran ou le soutien à l'initiative du gouvernement britannique de dialoguer avec la branche politique du Hezbollah, la franche modérée du Hamas et des talibans[39], inquiètent[40]. La perspective d'un appui américain incertain au Conseil de sécurité est *a contrario* un moyen de pression fort sur Israël en cas de non accord sur certains points considérés comme essentiels par les États-Unis dans la résolution du conflit israélo-palestinien – comme la colonisation, le statut de Jérusalem ou la reconnaissance d'un État palestinien, pour autant qu'il soit utilisé. Les nouvelles relations entre Jérusalem et Moscou sont la marque de cette tendance israélienne à se distancier des États-Unis et à redéfinir ses

---

[35] « Obama prend Rahm Emanuel comme bras droit », *Le Figaro*, 6 novembre 2008.

[36] Né d'un père israélien et très pieux, il est volontaire en 1991 auprès du bureau de recrutement de Tsahal comme mécanicien.

[37] En tant que juif américain, il a travaillé à la bonne image de Obama dans les milieux juifs américains.

[38] Hillary Clinton a notamment mis en évidence à plusieurs reprises qu'elle comptait des juifs dans sa famille. Elle a également été soutenue par l'électorat juif de New York et a plaidé pour le transfert de l'ambassade américaine de Tel Aviv à Jérusalem.

[39] Comme le défendait David Miliband, ministre britannique des Affaires étrangères, au siège de l'Otan en juillet 2009.

[40] « J Street, le lobby et les faucons », *Le Monde*, 19 mars 2009.

propres relations régionales. « Le gouvernement israélien entend sans doute montrer à Washington qu'il ne met plus tous ses œufs dans le même panier, et entretient aussi de bonnes relations avec Moscou »[41].

L'Europe, à nouveau divisée ?

Les représentants de certains États membres ont exprimé leur objection à poursuivre le financement de l'aide aux Palestiniens, dans la mesure où la principale cause de leur privation demeure le blocus israélien[42]. Dans l'ouvrage *Vers la quatrième guerre mondiale ?* où il s'emploie à décrire la relation que l'Europe entretient avec Israël, Pascal Boniface considère que « les pays de l'Union européenne n'accepteront plus longtemps d'être cantonnés dans un rôle de soutien financier ou technique. Ils ont un rôle à jouer dans la stabilisation du Proche-Orient et veulent le jouer »[43]. S'il ne peut avoir totalement tort au regard de l'attitude de Sarkozy dans la gestion française de la guerre à Gaza ou au vu de la lassitude exprimée par l'ex-commissaire européen en charge du Développement et de l'Aide humanitaire, Louis Michel, face à l'intervention endémique de l'UE en tant que bailleur de fonds de la reconstruction[44], plusieurs éléments montrent que les considérations de Boniface ne sont pas encore à l'ordre du jour.

Premièrement, les États-Unis et l'UE affichent une lecture différente de la politique étrangère à mener au Moyen-Orient. Ensuite, l'Europe ne parvient pas à s'exprimer d'une seule voix sur la scène internationale : les dissensions internes, dont elle demeure prisonnière, sont à nouveau apparues dans l'expression de positions étatiques diversifiées sur la guerre à Gaza (l'Italie, le Royaume-Uni, l'Allemagne, l'Espagne, la République tchèque et la France ont ainsi fait cavaliers seuls), reflétant sinon la faiblesse tout au moins la portée limitée de son rôle d'acteur international[45]. Comme l'a déclaré Franco Frattini, ministre italien des

---

[41] Razoux, P., *op. cit.*, p. 669.

[42] Voir International Crisis Group, « Gaza's Unfinished Business », *Middle East Report*, n° 85, 23 April 2009, p. 46.

[43] Boniface, P., *Vers la quatrième guerre mondiale ?*, Paris, Armand Colin, 2005, p. 142.

[44] Voir notamment « Michel : abominable et inacceptable », *Le Soir*, 27 janvier 2009 ; « L'Europe en a "assez" de payer des infrastructures "régulièrement bombardées" », *Le Monde*, 10 janvier 2009.

[45] Un certain nombre d'études en Relations internationales refusent de qualifier l'UE d'acteur international. Ces approches s'inscrivent dans un courant de pensée des RI de type réaliste. Voir notamment, Remacle, É. et Delcourt, B., « La PESC à l'épreuve du conflit yougoslave. Acteurs, représentations, enseignements », in Durand, M.-F. et de Vasconcelos, A., *La PESC, ouvrir l'Europe au monde*, Paris, Presses de Science Po, 1998, p. 227-272 ; Zielonka, J., *Explaining Euro-paralysis : Why Europe Is Unable to Act in International Politics*, London, Palgrave, 1998 ; Hill, C., « Renatio-

Affaires étrangères reprochant à l'Europe de multiplier les missions étatiques au détriment d'interventions communautaires, la course au leadership constitue en son sein un facteur d'affaiblissement de toute stratégie commune. Outre les divergences de vue des États membres sur la manière de mener la sortie de crise – notamment en ce qui concerne le rôle du Hamas comme interlocuteur légitime[46] –, seuls la France, l'Allemagne, l'Italie, le Royaume-Uni et la République tchèque se retrouvent le 18 janvier 2009 à Charm El-Cheikh, à l'initiative conjointe de la France et de l'Égypte, pour une réunion d'urgence avec les États arabes afin de soutenir le plan de paix égyptien. Cette réunion illustre les difficultés d'établir un « consensus européen » : Silvio Berlusconi fonde ses principaux espoirs sur la nouvelle administration américaine, au détriment de l'UE ; Gordon Brown, quoique *a priori* hésitant, répond finalement aux sollicitations de Sarkozy et de Angela Merkel ; le soutien à un plan de paix égyptien rapproche le couple franco-allemand, et ce, dès les premiers jours de l'offensive israélienne ; fin janvier 2009, cinq États européens (Allemagne, France, Italie, Espagne et Royaume-Uni) proposent un plan d'action conjoint pour préserver le fragile cessez-le-feu dans la bande de Gaza. Si l'ensemble des chefs d'État salue de concert leurs nombreuses actions ayant mené aux cessez-le-feu unilatéraux israélien et du Hamas, aucune position commune n'a émané de l'Union. Une proposition de la Présidence suédoise, préconisant en décembre 2009 l'instauration au Moyen-Orient de deux États avec pour capitale commune Jérusalem, fut finalement, après de vives réactions israéliennes, françaises, allemandes et italiennes, revue par le Conseil des ministres des Affaires étrangères. Enfin, sans tomber dans le cynisme de la célèbre phrase prêtée à tort à Henry Kissinger, « L'Europe, quel numéro de téléphone ? », l'action réellement attribuable à l'UE est difficilement identifiable. Pendant la guerre à Gaza, le désintérêt de la présidence tchèque et la récupération étatique des avancées diplomatiques ont dépeint l'Europe sous les traits d'un corps sans tête.

Sarkozy et la France au Moyen-Orient, retour gagnant ?

L'analyse des relations entre la France et l'État d'Israël[47] ne peut se cantonner à une lecture des rapports strictement interétatiques. Eu égard

---

nalizing or Regrouping ? EU Foreign Policy since 11 September 2001 », *Journal of Common Market Studies*, vol. 42, n° 1, 2004, p. 143-163.

[46] International Crisis Group, *op. cit.*, p. 47.

[47] Voir notamment Hershco, T., « Les relations franco-israéliennes, 2000-2007 : quel bilan ? », *Journal d'étude des relations internationales au Moyen-Orient*, n° 1, 2008/3, p. 22-34 ; Golan, A., « France-Israël : chronique d'une symbiose marquée. Regard fragmentaire sur les relations franco-israéliennes », *Outre-Terre*, n° 9, 2004/4, p. 451-463.

à la représentation juive au sein de la société française, troisième plus importante communauté hébraïque dans le monde, il importe de privilégier une approche trilatérale intégrant également les populations de ces deux États.

Durant la seconde *Intifada*, les relations diplomatiques franco-israéliennes se sont légèrement dégradées, pour diverses raisons. Pour la France, elles sont premièrement d'ordre politique et géopolitique. De par son histoire coloniale et ses protectorats, l'État français a toujours entretenu des relations diplomatiques avec les pays du monde arabe, particulièrement avec le Liban. Bien que la crise de Suez amoindrisse son influence régionale au profit de nouvelles entités étatiques, il tente à tout le moins de s'y maintenir. Au début des années 1980, il renforce ses positions vis-à-vis de la cause palestinienne. Pour des raisons de nature stratégique, la France s'investit dès lors activement dans la résolution du conflit israélo-palestinien, l'enjeu résidant dans la stabilité tant mondiale que régionale, voire nationale. Elle entend ainsi mettre un terme aux tensions communautaires et à la projection du conflit sur son territoire, qui se manifestent notamment par une résurgence d'actes et de propos antisémites. Idéologiquement, la France se fait forte de défendre la cause du faible contre le fort. Promouvant dans ses relations internationales la politique du « David contre Goliath », elle tente ainsi d'insuffler sa propre vision de la diplomatie avec dans ses bagages les principes et valeurs qu'elle souhaite véhiculer. Sur le plan diplomatique, enfin, les relations franco-israéliennes se détériorent entre 2000 et 2002. Lors d'une visite à l'Élysée en octobre 2000 et après l'élection d'Ariel Sharon au poste de Premier ministre en février 2001, le président Chirac critique ouvertement la répression de l'armée israélienne face à la seconde *Intifada*, allant jusqu'à parler de disproportion. Parallèlement, il affiche son soutien à Yasser Arafat et le réaffirme à plusieurs reprises, à l'occasion de visites officielles et lors de l'opération israélienne « Rempart ».

En 2002, la visite en Israël de Dominique de Villepin, alors ministre des Affaires étrangères, marque l'entame d'une période de détente. Désireux de recouvrer son rôle de médiateur dans le conflit israélo-palestinien terni par ses prises de positions répétées contre Israël et en faveur d'Arafat, le gouvernement français tente de régulariser les relations bilatérales. Entre 2003 et 2006, les évolutions que connaît la configuration régionale au Moyen-Orient favorisent le rapprochement entre les deux États. Non seulement le plan de désengagement des territoires occupés avancé par Sharon réjouit la diplomatie française, mais le décès d'Arafat en novembre 2004, la résurgence du dossier nucléaire iranien, la victoire du Hamas aux élections législatives palestiniennes en janvier 2006 ou encore la multiplication des actes antisémites en France favorisent l'amélioration des relations bilatérales. À ce titre, la deuxième guerre au Liban permet de mettre à l'épreuve le dialogue franco-israélien. La France condamne à nouveau officiellement la disproportion de la réaction israélienne face aux actes terroristes du Hezbollah survenus le long de la frontière libano-israélienne, mais use de sa diplomatie pour faire cesser la guerre et permettre à la FINUL de reprendre ses droits dans la zone transfrontalière, sans pour autant prendre parti dans le conflit.

Au regard de ces développements, il importe de ne pas négliger l'importance des choix politiques et le poids des dirigeants dans l'analyse géopolitique du Moyen-Orient, sans pour autant donner la prédominance à une approche constructiviste. Le Président – *a fortiori* en France, eu égard à son système politique[48] et aux pouvoirs conférés au chef de l'État – élabore la politique étrangère et tisse des relations privilégiées, voire amicales, avec des personnalités régionales. La Constitution française de 1958 conférant un rôle clé au Président[49] en matière de politique étrangère, Sarkozy construit une relation « détendue » avec la Syrie, prenant ainsi le contre-pied de Chirac afin d'atteindre deux objectifs. Dans un premier temps, la France espère par ce biais recouvrer un rôle d'intermédiaire dans la résolution du conflit israélo-palestinien, les principaux médiateurs faisant désormais défaut. Pour servir ce dessein, la stratégie française emprunte une triple voie : contourner la puissance dominante dans la région, en l'occurrence les États-Unis, entretenir une relation détendue avec un grand pays arabe, soit la Syrie et renforcer les liens avec Israël.

Envisagées par Chirac lorsqu'il était président de la République française, les deux premières stratégies ont été mises en œuvre par le biais d'un rapprochement avec la Syrie à travers le soutien affirmé au jeune chef d'État al-Assad. L'objectif de la manœuvre française était alors une stabilisation syrienne, non pas en soutenant un changement de

---

[48] Mény, Y. et Surel, Y., *op. cit.*

[49] Elle fait de lui le « garant de l'indépendance nationale, de l'intégrité du territoire, du respect des traités » (art. 5). Dans les conditions prévues par la Constitution, il « peut soumettre au référendum tout projet de loi [...] tendant à autoriser la ratification d'un traité qui, sans être contraire à la Constitution, aurait des incidences sur le fonctionnement des institutions » (art. 11). Il « accrédite les ambassadeurs et les envoyés extraordinaires auprès des puissances étrangères ; les ambassadeurs et les envoyés extraordinaires étrangers sont accrédités auprès de lui » (art. 14). Il « négocie et ratifie les traités. Il est informé de toute négociation tendant à la conclusion d'un accord international non soumis à ratification » (art. 52). En cas de « menace grave et immédiate à l'exécution des engagements internationaux » de la France, il peut mettre en œuvre les dispositions prévues par l'article 16. Enfin, il est également « chef des armées » et « préside les conseils et comités supérieurs de la Défense nationale » (art. 15).

régime comme le défendait la vision américaine, mais en insufflant une transition en douceur. Toutefois, face au caractère contraignant et peu fructueux de cette tactique à moyen terme, voire à long terme, Chirac semble progressivement s'accorder sur les positions américaines[50], en adoptant notamment le 2 septembre 2004 la résolution 1559 du Conseil de sécurité. Le président Sarkozy renversera radicalement l'approche régionale, considérant *de facto* la Syrie comme un acteur incontournable. Les missions diplomatiques débutent en novembre 2007 par la visite d'une délégation française à Damas, suivie en avril 2008 d'une rencontre entre Bernard Kouchner et son homologue syrien portant sur la situation en Irak. La proximité des chefs d'État est depuis lors significative, comme le montrent la tentative de résolution de la guerre à Gaza en janvier 2009, la médiation syrienne pour la libération de l'« otage » française Clotilde Reiss retenue en Iran, les visites répétées à l'Élysée et à Damas[51], ainsi que le discours à Paris le 12 novembre 2009 de Netanyahu acceptant de discuter avec la Syrie afin d'établir un accord de paix. Le troisième pan de la stratégie française vise à maintenir de bonnes relations avec Israël. À cet égard, Sarkozy fait même preuve d'une relative complaisance pour cet État – rappelons la volonté de la présidence française de l'UE de tisser de nouveaux liens privilégiés avec Israël en décembre 2008, juste avant la fin de la trêve avec le Hamas tout comme lors des nombreuses visites de Netanyahu à l'Élysée.

In fine, l'établissement de la paix au Moyen-Orient s'ancre, sous la présidence de Sarkozy, dans une politique étrangère de résolution des conflits linéaire à quatre relais : Israël interagit avec la France ; cette dernière sert d'intermédiaire avec la Syrie afin de régler les différends entre les deux États, tandis que la Syrie relaie les requêtes internationales et régionales à l'Iran. Dans ce cadre, la France possède sa propre conception de la résolution du conflit qui consiste à régler le problème de Jérusalem avec Netanyahu et à l'inciter à négocier directement avec la Syrie, tout en prônant le rapprochement des « frères palestiniens » (Hamas et Fatah) comme étape nécessaire au rétablissement de la paix. Du côté américain, par contre, l'axe Riyad-Le Caire-Washington est

---

[50] Cahen, J., « La politique syrienne de la France, de Jacques Chirac à Nicolas Sarkozy », *Politique étrangère*, n° 1, 2009, p. 177-188.

[51] Cinq rencontres diplomatiques entre les chefs d'État et leurs ministres depuis la guerre à Gaza ont eu lieu : visite du président français à Damas en janvier 2009 ; visite de Amer Loufti, ministre syrien de l'Économie et du Commerce en mai 2009 ; visite de Bernard Kouchner, ministre des Affaires étrangères et européennes, en Syrie en juillet 2009 ; visite de Claude Guéant, secrétaire général de l'Élysée et Jean-David Levitte, conseiller diplomatique du président français, à Damas en octobre 2009 et visite du président syrien à Paris en novembre 2009.

maintenu. D'autant plus que les États-Unis restent pour le moment incontournables dans les négociations, et ce, en raison du crédit international dont ils disposent encore en matière de sécurité. Le rôle de médiateur est également prisé par le Qatar qui se présente comme l'équilibre entre les modérés et les radicaux alors que la Turquie se verrait bien endosser ce statut suite à ses relations diplomatiques de longue durée avec Israël et ses nouvelles relations avec l'Iran. Le jeu reste en l'état ouvert, même si tout dépendra des conditionnalités israéliennes à la négociation, des acteurs en présence et de la pression des petits partis ultranationalistes et ultrareligieux sur qui, dans le système politique israélien, ont toujours reposé les perspectives de résolution du conflit.

CHAPITRE III

Les relations irano-vénézuéliennes : prélude d'un nouvel « axe Sud-Sud » ?

Les relations irano-vénézuéliennes sont souvent présentées, de façon restrictive, comme se résumant à la médiatisation du tandem formé par les présidents Ahmadinejad et Chávez. L'établissement des liens diplomatiques entre l'Iran et le Venezuela remonte pourtant à 1947. Depuis lors, avec la création en 1960, sur proposition du ministre du Pétrole vénézuélien, de l'Organisation des pays exportateurs de pétrole (OPEP), les contacts bilatéraux se sont déployés pour l'essentiel dans le cadre de la coopération pétrolière[1]. Bien qu'instigateur de l'OPEP, le Venezuela n'a fait preuve d'un grand activisme au sein de cette organisation qu'avec la mise en œuvre, par Chávez, d'une stratégie offensive visant à utiliser le pétrole comme instrument politique : le maintien des prix élevés sur le marché pétrolier devient alors un défi commun pour ces deux grands producteurs. Le contexte international de la guerre froide et les relations « cordiales » – quoique à géométrie variable (accord de coopération nucléaire et soutien significatif au régime du Shah jusqu'en 1979[2] ; partenariat commercial avec le Venezuela jusqu'à la nationalisation des compagnies pétrolières en 1975) – que ces États entretiennent avec les États-Unis jusqu'au milieu des années 1970 ont en effet contribué à maintenir leurs rapports interétatiques à un niveau d'intensité relativement bas. Dès lors, si la durabilité d'une relation interétatique s'analyse à la mesure des liens tissés tant au niveau économique que politique, il apparaît que les relations entre l'Iran et le Venezuela sont longtemps demeurées marginales. À l'aube du XXIe siècle, l'indéfectible soutien qu'ils se témoignent mutuellement sur la scène internationale s'accompagne du maniement d'une rhétorique contestataire radicalement anti-américaine, anti-israélienne et anti-occidentale. Il s'avère dès lors légitime de s'interroger sur la nature, les enjeux et le contexte d'émergence de ce rapprochement. Correspond-il à un partenariat stratégique, où chacun des « pivots géopolitiques » – au sens brzezins-

---

[1]   Salgueiro, A. P., « Il Venezuela di Chavez : L'asse Caracas-Teheran », *Limes*, n° 2, février 2007, p. 175-182.

[2]   Barzin, N., *L'Iran nucléaire*, Paris, L'Harmattan, 2005, p. 41-62.

kien du terme[3] – cherche à toutes fins utiles à en tirer le maximum de profit en fonction de ses intérêts nationaux ? Ou ressort-il véritablement d'une logique d'axe, informelle et opportuniste, ancrée dans une tendance plus profonde de contestation, voire d'évolution, du système international ?

La naissance de « nouvelles » relations diplomatiques

Le renforcement des échanges économiques et des soutiens politiques, tel qu'il se profile depuis quelques années aux niveaux interétatique et interrégional dans le cadre de la promotion d'une apparente solidarité Sud-Sud fortement teintée d'anti-impérialisme[4], dépend beaucoup du rôle joué par les personnalités politiques au pouvoir ainsi que de leurs ambitions régionales, voire mondiales. La résurgence d'un dynamisme diplomatique entre l'Iran et le Venezuela coïncide en effet avec l'arrivée au pouvoir du nationaliste Chávez et de l'ultraconservateur Ahmadinejad, tous deux ayant pour crédo un discours résolument anti-américain. Afin d'appréhender les influences exercées sur les dirigeants et leurs orientations internationales, la théorie cognitive[5] plaçant les décideurs au centre des recherches constitue un prisme *ad hoc*.

Figure emblématique de la nouvelle vague de la gauche en Amérique latine, Chávez est souvent présenté comme l'« icône de la révolution moderne »[6]. Son discours politique marque en effet une rupture par rapport à celui de ses prédécesseurs et de la grande majorité des élites politiques qui, ayant connu durant ces vingt dernières années une restriction du débat idéologique, ont fini par accepter et s'adapter au phénomène de la concurrence mondiale et du néolibéralisme[7]. Véritable chantre de l'anti-capitalisme, il entend remettre en cause non seulement le processus de privatisation de l'industrie pétrolière engagé dans les années 1970, mais plus globalement la prétendue suprématie américaine en Amérique du Sud. Inspiré par le projet bolivarien et une idéologie nationaliste et socialiste, il propose la mise en place du « socialisme du XXIe siècle » et d'un bloc régional qui élimineraient le néo-colonialisme

---

[3] Un « pivot géopolitique » est un État dont l'importance tient moins à sa puissance réelle qu'à sa situation géographique sensible et à sa vulnérabilité potentielle. Sa présence influence, en outre, la politique des grandes puissances. Brzezinski, Z., *Le grand échiquier. L'Amérique et le reste du monde*, Paris, Bayard, 1997, p. 68-77.

[4] Brun, E., *Les relations entre l'Amérique du Sud et le Moyen-Orient. Un exemple de relance Sud-Sud*, Paris, L'Harmattan, coll. « Inter-National », 2008, p. 99-115.

[5] Dietrich, J., « Le retour de la culture : l'analyse des politiques étrangères "périphériques" ? », in Charillon, F. (dir.), *op. cit.*, p. 91-111.

[6] « Chávez : viva la revolución », *Un œil sur la planète*, France 2, 18 décembre 2006.

[7] Higgott, R., « Mondialisation et gouvernement : l'émergence du niveau régional », *Politique étrangère*, n° 2, 1997, p. 288.

en Amérique latine[8]. Participant d'une œuvre personnelle dont les atouts charismatiques du *leader* vénézuélien servent la diffusion, la vision qu'il promeut du rôle de son pays dans la transformation de la région et du système international conditionne la politique extérieure du Venezuela depuis 1998[9]. Politiquement porteuse, sa condamnation de l'intervention américaine en Afghanistan en 2001 lui permet de s'imposer sur la scène internationale comme l'un des principaux fers de lance de l'anti-américanisme. La mobilisation des ressources nationales du pétrole au profit de la construction d'un espace régional sud-américain sous son influence, tout comme sa décision de se retirer du FMI et de la Banque mondiale (BM), considérés à Caracas comme des institutions au service du libéralisme économique et de la domination de Washington sur le monde, en témoignent symboliquement. Entamée en juillet 2006, l'adhésion progressive au Mercosur – afin d'en épurer les fondements « néolibéraux », eu égard à leur proximité avec la vision états-unienne du développement économique et de l'intégration régionale – et la promotion concomitante d'une Alternative bolivarienne pour l'Amérique (ALBA) face au projet américain de Zone de libre-échange des Amériques (ZLEA) servent adéquatement le dessein politique chaviste visant à se poser en chef de file du mouvement altermondialiste.

Si la parenté idéologique notoire entre Chávez et Fidel Castro se traduit logiquement par la mise en œuvre d'une politique vénézuélienne amicale envers Cuba, le rapprochement entre Caracas et Téhéran apparaît à ce titre moins évident. Plutôt pragmatique et révélateur du potentiel tout comme des limites des politiques Sud-Sud que le gouvernement vénézuélien tente de promouvoir dans ses discours prononcés au niveau mondial, il relève davantage de l'évidence stratégique[10]. Prônée dès l'entame de la période post-guerre froide, la rhétorique vénézuélienne anti-capitaliste de solidarité entre pays du Sud ne trouve un écho manifeste en Iran qu'à partir de 2005. L'investiture présidentielle de Ahmadinejad, porté au pinacle par des réseaux[11] majoritairement influencés par l'ayatollah Mohammed Taqi Masbah

---

[8]   Chávez souhaite unifier l'Amérique latine contre les États-Unis qu'il considère trop impérialistes, à l'instar de Simon Bolivar qui avait libéré les peuples latino-américains de la tutelle coloniale à la fin du XIXe siècle. Kourliandsky, J.-J., « Politique étrangère du Venezuela. Le choc des mots, le poids des réalités », *La Revue internationale et stratégique*, n° 64, 2006/4, p. 39-52.

[9]   Serbin, A., « Cuando la limosna es grande. El Caribe, Chávez y los limites de la diplomacia petrolera », *Nueva Sociedad*, n° 205, septembre-octobre 2006, p. 75-91.

[10]   « Iran-Venezuela ties serve strategic aims », *United Press International*, 14 août 2009.

[11]   Roy, O., « Faut-il avoir peur d'Ahmadinejad ? », *Politique internationale*, n° 111, printemps 2006, p. 198-207.

Yazdi – représentant des conservateurs révolutionnaires favorables à un isolement total de l'Occident et des États-Unis – induit un renforcement substantiel des relations diplomatiques. L'anti-occidentalisme, tel qu'il s'exprime avec vigueur dans les diatribes incendiaires du dirigeant iranien – validant *de facto* la théorie du choc des civilisations[12] –, constitue comme au Venezuela le socle idéologique de la politique étrangère. Si le regain d'intérêt pour la République islamique nourri par le président vénézuélien répond à une logique volontariste de projection continentale de la « révolution bolivarienne » renforcée par la diplomatie du pétrole, il consiste plus largement en une réponse à l'action des États-Unis en Amérique latine visant, depuis 1999, à contrecarrer politiquement le projet chaviste et à assurer, sur le plan économique, leur approvisionnement pétrolier[13]. Comme l'illustre publiquement un indéfectible soutien au sein des enceintes onusiennes, Chávez recourt à la stratégie du désordre ou du contrepoids, à des fins de retombées politiques. Ainsi en est-il de son appui indirect au développement du programme nucléaire iranien. Non seulement le Venezuela est l'unique pays à s'opposer à la résolution de l'Agence internationale de l'énergie atomique (AIEA) du 24 septembre 2005 (GOV/2005/77) accusant l'Iran, après enquête, d'être dans l'infraction vis-à-vis de ses engagements aux termes du Traité de non-prolifération nucléaire (TNP), mais le président vénézuélien est également l'un des seuls dirigeants à s'être positionné aux côtés d'Ahmadinejad en mars 2007 à la suite du renforcement des sanctions contre l'Iran votées à l'unanimité au Conseil de sécurité par la résolution 1747[14]. En octobre 2006, la campagne menée à l'Onu par les États-Unis à l'encontre de la candidature de l'État vénézuélien à un siège non permanent au Conseil face au Guatemala, répond ainsi à la crainte que le Venezuela ne bloque d'éventuelles sanctions contre l'Iran[15].

Les convergences fondées sur l'exécration envers un même adversaire facilitent et encouragent *de facto* les contacts et les coopérations. D'autant que, au-delà des convergences idéologiques et des affinités

---

[12] Le régime théocratique iranien justifie son anti-américanisme par l'islam, ravivant constamment le conflit séculaire opposant le monde judéo-chrétien au monde islamique. Tertrais, B., « Faut-il avoir peur de l'Iran ? », *Études*, n° 4046, juin 2006, p. 732.

[13] Septième exportateur mondial de pétrole en 2007, le Venezuela représente actuellement le plus important réservoir d'Amérique latine. Energy information administration, *Venezuela*, [en ligne], http://www.eia.doe.gov/cabs/Venezuela/Oil.html, (consulté le 13 novembre 2009).

[14] « L'Iran et le Venezuela entérinent des projets pour 17 millions de dollars », *IRNA*, 22 avril 2007.

[15] « US Campaign to stop Venezuela joining UN Security Council », *The Guardian Unlimited*, 20 juin 2006.

présidentielles, les intérêts et défis communs sont patents, de surcroît dans le contexte de la montée en puissance de certains pays du Sud grâce à leur développement économique. Alliée à la difficulté d'accéder aux marchés des pays développés, la croissance économique florissante du Venezuela (9,3 %) et de l'Iran (autour de 6 %) telle qu'elle s'illustre en 2005 encourage la création des liens Sud-Sud. Fortement centré sur l'exploitation pétrolière, Caracas considère Téhéran comme un modèle de diversification économique, tandis que les États les plus développés du Tiers Monde constituent pour l'Iran, internationalement isolé, une source alléchante de technologies et d'investissements. Toutefois, en l'absence de réel ancrage idéologique, ce courant de solidarité irano-vénézuélien demeure continûment fragilisé, soumis aux atermoiements de la *Realpolitik* et aux contingences du système international. Fondé sur le partage d'une position et posture internationales – marquées par l'isolement régional et l'appartenance aux pays de « l'Axe du Mal », tel que défini par le président Bush au début de l'année 2002 –, ce qui s'apparente à une alliance conjoncturelle hétérogène ne se manifeste actuellement que de façon parcimonieuse dans la mise en œuvre d'actions concrètes (voir *infra*).

Les politiques étrangères de ces pays traditionnellement classés comme « périphériques » sont-elles toutefois de nature à perturber le jeu des puissances dominantes ? Selon l'adage simpliste « l'ennemi – ou l'adversaire – de mon ennemi est mon ami », Chávez ne cesse de chercher à se rapprocher des gouvernements ou dirigeants, sinon hostiles, tout au moins manifestant une indépendance certaine à l'égard des États-Unis. Si, comme l'affirme Jean Barrea, la « structure multipolaire est familière des renversements d'alliances, quitte à nouer, à cette occasion, des "alliances contre nature", au sens de "transidentitaire" »[16], le rapprochement irano-vénézuélien participe de cette volonté de recomposition progressive du système international, sans qu'il soit toutefois permis d'identifier, dans l'émergence de ce front révolutionnaire commun que Chávez et Ahmadinejad appellent de leurs vœux, l'« axe anti-impérialiste »[17] dont Robert Morris Morgenthau redoute la force déstabilisatrice.

Aujourd'hui, les relations entre les deux chefs d'État ne se limitent plus à des rencontres strictement protocolaires ou à des manifestations diplomatiques « molles », c'est-à-dire des relations diplomatiques de basse intensité. Les contacts ont fortement évolué[18] et se sont approfon-

---

[16] Barrea, J., *op. cit.*, p. 318.

[17] Morgenthau, R. M., « The Emerging Axis of Iran and Venezuela. The prospect of Iranian missiles in South America should not be dismissed », *The Wall Street Journal*, 8 September 2009.

[18] Depuis 2006, les deux chefs d'État se sont rencontrés six fois en Iran et quatre fois au Venezuela : visites du président vénézuélien à Téhéran en juillet 2006, juillet 2007,

dis non seulement par le biais d'actions communes sur les plans politique et idéologique (contestation de « l'hégémonie américaine » postguerre froide[19]), mais également à travers la mise en œuvre d'initiatives
militaires et socio-économiques. Premier chef d'État étranger à se rendre
en Iran après la réélection de Ahmadinejad notamment pour le féliciter
de sa victoire, Chávez semble vouer au régime iranien un soutien indéfectible, et ce, depuis 2006 lors de l'alignement du Venezuela sur Cuba
et la Syrie contre la résolution de l'AIEA relative au dossier nucléaire
iranien au Conseil de sécurité de l'Onu[20]. L'appui mutuel s'est par la
suite prolongé à travers la promotion d'un « axe d'unité » contre les
États-Unis. L'intercession du Venezuela auprès d'États comme le
Nicaragua, l'Équateur ou la Bolivie afin qu'ils développent des relations
diplomatiques avec l'Iran s'inscrit dans cette même logique. Enrichir
son réseau par le biais de nouveaux relais en Amérique latine constitue
pour le régime un enjeu stratégique. En dehors de ces tractations diplomatiques, l'Iran et le Venezuela sont également liés par des accords
spécifiques portant sur des matières diverses telles que la coopération
militaire, le développement technologique (notamment du nucléaire
civil)[21], la finance ou encore la coopération pétrolière (en matière de
raffinage, par exemple). En outre, les dernières rencontres des deux
chefs d'État au Moyen-Orient, en septembre et novembre 2009, ont
révélé l'existence d'un récent projet vénézuélien de développement du
nucléaire civil avec l'aide de l'Iran : la construction d'un « village du
nucléaire ». Sur le plan socio-économique, enfin, les relations irano-
vénézuéliennes passent notamment par la vente de voitures produites en
Iran et vendues hors TVA au Venezuela. Selon les chiffres de l'OMC,
les échanges économiques entre l'Iran et le Venezuela connaissent ces
dernières années une hausse importante. Si, en 1998, le commerce
bilatéral s'élevait à 5,8 millions de dollars américains, il atteint les
50,7 millions en 2006.

L'immixtion de l'« axe du non » dans la guerre à Gaza

Les relations entre l'Amérique latine et Israël ont connu, depuis la
création de l'État israélien, différents types d'interaction. État sioniste,

---

novembre 2007, janvier 2009, avril 2009 et septembre 2009 ; visites du président
iranien à Caracas en septembre 2006, janvier 2007, septembre 2007 et novembre
2009.
[19] Djalili, M.-R. et Therme, C., « L'Iran en Amérique latine : la République islamique dans le pré-carré des États-Unis », *Maghreb Machrek*, n° 197, 2008, p. 115-126.
[20] Conseil de sécurité des Nations unies, *Résolution 1747*, 24 mars 2007.
[21] Romero, S., « Venezuela and Iran Strengthen Ties With Caracas-to-Tehran Flight », *The New York Times*, 3 mars 2007 ; « Iran-Venezuela : la coopération militaire et technique décolle », *géostratégie.com*, 3 février 2007.

Israël y a essentiellement rencontré, à l'origine, l'opposition d'États fortement imprégnés du catholicisme et *de facto* influencés par le Vatican, radicalement opposé au sionisme. La coopération entre Israël et la région latino-américaine se renforce quelque peu durant la décennie 1950, notamment à travers le partage de compétences et de savoir-faire en matière médicale et agricole. Le « moment révolutionnaire »[22] que connaît l'Amérique latine tout au long des années 1960-1970 – suite à son basculement dans la guerre froide et à la forte imprégnation communiste dont elle est victime – ébrèche les relations diplomatiques entretenues par certains pays latino-américains, comme le Chili et le Pérou, avec Israël. Autre facteur explicatif de ces vicissitudes, l'immigration de populations en provenance du Moyen-Orient modifie la composition de la société latino-américaine. Dans le même sens, leur prise de position contre la guerre du *Kippour* d'octobre 1973 tient principalement à la dépendance des États d'Amérique latine au pétrole arabe[23]. Au début des années 2000, les relations diplomatiques recouvrent leur dynamisme et se renforcent[24] (sur les plans politiques, économiques et culturels) avec la signature d'un premier accord de libre-échange entre le Mexique et Israël suivi, en 2005, par l'établissement d'un accord-cadre avec le Mercosur. Dès 2004, Israël entretient des relations diplomatiques avec l'ensemble des pays d'Amérique latine, exception faite de Cuba.

Historiquement, l'Iran du Shah Reza Pahlavi représentait un allié israélien de premier ordre dans la géopolitique moyen-orientale, en tant que double relais des États-Unis dans la région. Le Shah sera d'ailleurs le premier médiateur entre Israël et l'Égypte lors des préparatifs de l'accord de paix de Camp David. Il convient également de pointer les relations qu'Israël et l'Iran (Perses) entretiennent avec les États arabes, qui les perçoivent respectivement comme adversaire, ennemi et rival pour la survie et la légitimité du premier et comme concurrent régional ancestral pour le second. Malgré le renversement du Shah et l'instauration par l'Ayatollah Khomeiny d'une République islamique d'Iran, Israël reste un partenaire de premier ordre. Dans la plus grande discrétion, les services secrets de ces deux États maintiennent des contacts permanents, notamment pour tout ce qui concerne l'ennemi irakien commun. Dès lors, tandis que les livraisons d'armes se poursuivent, particulièrement durant la guerre Iran-Irak de 1980-1988, Khomeiny réaffirme son soutien, saluant en 1981 l'attaque israélienne de la cen-

---

[22] Compagnon, O., « L'Amérique latine dans les relations internationales », *Relations internationales*, n° 137, 2009/1, p. 10.

[23] Encel, F., *op. cit.*, p. 32.

[24] Santander, S., *Le régionalisme sud-américain, l'Union européenne et les États-Unis*, Bruxelles, Éditions de l'Université de Bruxelles, 2008.

trale irakienne d'Osirak[25]. En 2005, l'arrivée au pouvoir en Iran du président Ahmadinejad, dont la politique étrangère repose essentiellement sur un discours anti-impérialiste et anti-israélien – trouvant pour partie sa source dans le dossier nucléaire iranien et dans la recomposition des alliances engendrée en 2006 par la guerre du Liban –, bouleverse quelque peu la géopolitique régionale.

Ces dernières années, les relations irano-israéliennes n'ont toutefois pas toujours été aussi tendues qu'il n'y paraît. Comme le montrent les événements récents, le discours régulièrement revisité du président Ahmadinejad sur l'État israélien demeure un argument essentiel pour permettre à l'État iranien de conserver l'appui de ses nouveaux « alliés » régionaux. Par le biais de diatribes professées à l'encontre d'Israël, l'Iran espère faire valoir sa position de défenseur de la cause palestinienne plébiscitée par les manifestants arabes durant la guerre à Gaza, instrumentalisant le Hamas et le Hezbollah à cette fin. Si le rapprochement entrepris après la guerre du Liban (2006) avec la Syrie répondait à un objectif similaire, il apparaît aujourd'hui fragilisé, sinon compromis, par les négociations secrètes israélo-syriennes à propos du statut du Golan et par la proximité franco-syrienne. Par ailleurs, les bravades anti-israéliennes d'Ahmadinejad participent d'une stratégie visant à détourner l'attention du dossier nucléaire en la focalisant sur le risque d'une crise additionnelle au Moyen-Orient. « Dans les faits, comme le souligne *Le Monde*, au-delà des déclarations enflammées, l'Iran laisse évoluer la situation en évitant soigneusement tout aventurisme »[26]. Au-delà des discours, l'Iran fait mine d'une grande prudence, redoutant en réalité toute confrontation directe avec Israël et tout risque d'amplification du conflit israélo-palestinien.

Tant l'Iran que le Venezuela entretiennent, dans le cadre du conflit qui nous occupe, des relations construites avec le Hezbollah et le Hamas. D'aucuns y voient d'ailleurs l'opportunité de créer un branche vénézuélienne du Hezbollah et de miser, à cette fin, sur la proximité chiite entre les communautés musulmanes au Venezuela et l'Iran :

> Il y a en territoire vénézuélien une considérable population d'origine arabe, en particulier des Syriens et des Libanais, laquelle accorde toute sa sympathie au Hezbollah chiite, sans compter l'importante communauté libanaise chiite sur l'île de Margarita avec sa "zone franche", tant pour le commerce légal que pour des activités "pas très catholiques". [...] Selon Ely Karmon, expert de l'Institut de contre-terrorisme d'Herzliya, les membres du Hezbollah Amérique latine sont des Vénézuéliens et des Argentins de

---

[25]   Voir notamment Encel, F., *op. cit.*, p. 227-229 ; Piet, G., *op. cit.*

[26]   « L'indignation suscitée en Iran par les événements de Gaza renforce le président Ahmadinejad », *Le Monde*, 8 janvier 2009.

souche non musulmans d'origine. La majorité d'entre eux viennent de la tribu Wayuu qui s'est convertie à l'islam il y a quelques années sous l'influence de son leader Teodoro Darnott, lui-même ancien membre du parti d'Hugo Chávez qui a fait scission pour fonder son propre parti d'extrême gauche, le Proyecto Guapaicaro pro la Liberación[27].

Vis-à-vis de l'Iran, la relation avec ces mouvements est quelque peu différente et fait l'objet de transactions directes, qu'il s'agisse de trafic d'armements[28] et de rencontres entre les bureaux politiques du Hamas, du Hezbollah et l'Iran, notamment par l'intermédiaire de la Syrie.

Dans les faits, la guerre à Gaza n'a vraisemblablement pas transformé les relations de l'Iran et du Venezuela avec Israël. Tout au plus a-t-elle cristallisé les positions respectives et conféré une dimension nouvelle aux rapports irano-vénézuéliens. L'événement et son retentissement mondial n'en ont pas moins été instrumentalisés à des fins de contestation. Bien qu'anciennement fixé à l'agenda, le séminaire organisé à Beyrouth fin janvier 2009 par le Centre d'Études et de Documentation, rattaché au Hezbollah, fut ainsi l'occasion de récupérer la guerre à Gaza pour s'en servir comme nouvelle toile de fond de la contestation. Réunissant notamment des représentants du Hamas, du Hezbollah, des hommes politiques iraniens et vénézuéliens, cette conférence affichait comme objectif le renforcement de l'« axe du non »[29], idéologiquement opposé aux États-Unis et à leur « politique impérialiste ». Si ce « nouveau » front se définit par son anti-impérialisme, l'opposition qu'il voue également à Israël – identifié comme le bastion américain au Moyen-Orient – apparaît moins ancrée dans le passé et relève davantage d'un pragmatisme rassembleur. En effet, bien que l'opposition des États arabes remonte aux accords de paix entre l'Égypte et Israël, le Venezuela entretenait encore des relations diplomatiques avec ce dernier avant le déclenchement des hostilités à Gaza. Début janvier 2009, l'ambassadeur israélien fut expulsé de Caracas, suite à l'attaque par les forces israéliennes d'une école administrée par l'Onu. La réactivation de l'anti-israélisme participe ainsi, comme le souligne Pierre-André Taguieff, d'une stratégie de jumelage visant à produire des « effets de contamination et de renforcement idéologiques réciproques : la diabolisation de la "mondialisation libérale" (dont le visage est l'Amérique) entre en résonance avec la démonisation d'Israël, pour alimenter le mythe du

---

[27] Viera, E., « Venezuela : l'alliance iranienne », *Outre-Terre*, n° 18, 2007/1, p. 385.

[28] Morgenthau, R. M., *op. cit.*

[29] « L'offensive israélienne renforce "l'axe du non" de Téhéran à Caracas », *Le Figaro*, 22 janvier 2009.

"Grand Satan" à deux faces »[30]. Partant, cette symbolisation victimaire de la figure du Palestinien permet *in fine* de globaliser les luttes. Anticapitaliste et fortement engagé dans le militantisme pro-palestinien, Christian Picquet reconnaît ouvertement que la « situation des Palestiniens est exemplaire du sort réservé aux peuples dans le nouvel ordre mondial. C'est pourquoi elle occupe une place centrale dans la mobilisation de ceux qui veulent un autre monde »[31].

---

[30] Taguieff, P.-A., « Anti-israélisme et judéophobie : l'exception française », *Outre-Terre*, vol. 4, n° 9, 2004, p. 388.

[31] Picquet, C., cité par Lévy, E., « Les damnés de la Terre promise », *Le Figaro Magazine*, n° 18388, 20 septembre 2003, p. 41.

Synthèse de l'analyse multi-niveaux

Forte du caractère multi-niveaux de l'analyse politologique qu'elle recèle, la troisième partie de cet ouvrage avait pour objet de dénouer le nœud gordien de la complexité des relations et de l'imbrication des enjeux entre les différents acteurs de la guerre à Gaza tel que donné à lire dans les organes de presse échantillonnés. Elle a tout au moins permis de mettre en exergue trois éléments significatifs. Premièrement, l'action d'institutions internationales, principalement onusienne, lors de la guerre à Gaza apparaît sensiblement dissociée du processus de résolution du conflit israélo-palestinien y afférant, reléguant *de facto* la mission des Nations unies à une intervention de type strictement humanitaire (aide alimentaire, etc.) et créditant la délégation du rôle de médiateur et de toutes tentatives de recherche – voire d'imposition – de cessez-le-feu à certains acteurs étatiques en particulier. De ce constat découle un véritable jeu de chaise musicale entre « États-médiateurs ». Ces variations de « leadership » tiennent, pour certains, à leur statut de partie au conflit (l'Égypte, par exemple) et résultent, pour d'autres, d'un essoufflement de la confiance réciproque avec l'un des protagonistes (la Turquie envers Israël, par exemple) ou encore d'une stratégie volontariste d'attentisme visant à se désengager d'une situation politiquement peu porteuse en laissant provisoirement la main à d'autres (l'effacement, voire l'« absence », des États-Unis dans les premiers temps et l'activisme de la France sous l'impulsion de Sarkozy).

Le deuxième élément significatif ressortant de cette troisième partie réside dans le constat de l'insuffisance d'une lecture analytique unique d'un même événement de nature conflictuelle (voir guerre, conflit, crise, etc.) pour déceler et appréhender l'ensemble des enjeux, réseaux et interactions qui tendent à alimenter ou à apaiser les tensions entre protagonistes. Une lecture multi-niveaux offre dès lors de l'événement une approche multidimensionnelle plus proche de la réalité que la vision essentiellement centrée sur les acteurs privilégiée par la presse écrite étudiée. La résolution du conflit s'inscrit dans une logique pratiquement similaire, hormis l'existence de deux types de visions : l'une communément partagée par les médias échantillonnés tend à associer les différentes tentatives de résolution du conflit israélo-palestinien à « la » solution pour la stabilité du Moyen-Orient, là où un regard multi-niveaux tend plutôt à conditionner la résolution de ce conflit à une stabilisation régionale préalable – notamment à un apaisement des tensions liées à la perpétuelle course au leadership régional. Cette lecture spécifique du conflit israélo-palestinien à travers le prisme de la guerre à Gaza mais également de la deuxième guerre du Liban met en avant l'évacuation de toute référence à l'ancrage régional, et partant israélo-arabe, du conflit israélo-palestinien. En d'autres termes, cette approche multi-niveaux montre d'abord la multiplication effective des acteurs dans les tractations en vue de la résolution du conflit israélo-arabe. Toutefois, elle ne peut négliger un effet domino dans la résolution, privilégiant une solution au conflit israélo-arabe, pour stabiliser la région. Selon cette analyse et en dehors de toute prétention prédictive et prescriptive, la (ré)solution transparaitrait *in fine* plus adéquatement – après le relatif échec des accords de paix bilatéraux entre protagonistes israéliens et palestiniens (à l'exemple des accords de Camp David) et les vaines considérations d'un accord global entre tous les États de la région (accord de Beyrouth) – dans la conclusion au cas par cas de règlements de paix différenciés avec Israël, avec l'intervention tantôt d'acteurs étatiques internationaux (France, États-Unis, etc.), tantôt d'acteurs régionaux avec qui Israël aurait signé une « paix chaude » (évitant de réitérer la paix froide israélo-égyptienne), et ce, selon un processus théorique que d'aucuns qualifieraient de *multi-level areas and multi-actor networks*.

Troisième et dernier élément significatif notable, si le Moyen-Orient en recomposition est victime d'une redéfinition continue des alliances variant au gré des intérêts étatiques régionaux et de l'influence des États périphériques, le rapprochement irano-vénézuélien jouit de cette recomposition à l'œuvre et participe de cette logique dans un esprit de contestation idéologique de l'influence états-unienne au Moyen-Orient. Les « alliances » qui s'en suivent avec d'autres États d'Amérique latine renforcent symboliquement l'opposition dirigée contre les États-Unis, et ce, en dépit de la nature du discours tenu au Caire par Obama en juin 2009. Mais elles répondent parallèlement à des enjeux d'ordre économique permettant aux acteurs étatiques engagés de développer de nouveaux réseaux intra-régionaux, tentant par là de court-circuiter les États occidentaux traditionnellement influents dans ces régions.

Conclusions

« Condenser le propos, c'est dégager les leçons majeures qui ressortent de travaux aux cadres théoriques divers. »[1] Formulée par Erik Neveu dans l'épilogue de son ouvrage, cette proposition conclusive coïncide parfaitement avec le dessein final de cette recherche dont l'originalité réside dans une approche bicéphale, médiatique et politologique, de la guerre à Gaza. L'intérêt de cette dualité se manifeste tout particulièrement dans la confrontation, voire à certains égards l'imbrication, de deux lectures d'un même événement.

Considérant l'information comme une coproduction à laquelle contribuent le champ journalistique mais aussi les champs économique et politique[2] – d'où la question de sa neutralité –, l'analyse du traitement médiatique de la guerre à Gaza et de sa résolution fut opérée à travers le prisme de quatre quotidiens de presse écrite francophone : *Le Monde*, *Le Figaro*, *Le Soir* et *La Libre Belgique*. Volontairement non représentative du paysage médiatique mondial, cette étude de contenu quanti-qualitative fondée sur la méthode Morin-Chartier entendait livrer une photographie de l'événement, sans prétention d'exhaustivité. Illustrative, elle a surtout permis de relever un certain nombre de tendances.

L'analyse quantitative révèle tout d'abord que, si la mesure de la partialité des quotidiens étudiés indique un taux globalement en deçà de la moyenne des 40 % telle qu'établie par Morin-Chartier, *La Libre Belgique* et les 42 % de contenu partial qu'elle affiche est le seul journal à livrer une information sur l'événement de la guerre à Gaza tendant vers un positionnement « trop » marqué, par exemple, en mettant l'accent sur la participation nécessaire du Hamas aux négociations, en critiquant allégrement l'absence d'intervention de la communauté internationale et l'offensive israélienne. Parallèlement, cette première analyse montre une attitude relativement passionnée des quotidiens échantillonnés concernant certaines thématiques spécifiques, l'exemple le plus marquant restant sans conteste le traitement particulier réalisé par *Le Figaro* du sujet « diplomatie », position qui s'explique par un indéfectible suivi des démarches du président français dans la résolution du conflit israélo-palestinien. Partant, l'analyse qualitative a alors permis de mettre au jour un traitement médiatique de la guerre à Gaza particulièrement centré sur les « acteurs », étatiques ou non, qui ont été

---

[1] Neveu, É., *Sociologie du journalisme*, Paris, La Découverte, 2001, p. 109.

[2] Champagne, P., « À propos du champ journalistique. Dialogue avec Daniel Dayan », *Questions de communication*, n° 10, 2006.

209

parties prenantes au conflit. La singularité de cette lecture médiatique d'un conflit, à la différence d'une méthode d'analyse s'inscrivant dans la discipline de Science politique est, d'une part, une propension à identifier l'« acteur » comme une entité unitaire et souveraine tel un bloc monolithique dénué de réseaux et, d'autre part, de négliger tout recul historique par rapport à l'événement international traité. D'un point de vue journalistique, axer l'information diffusée sur les logiques d'acteurs – décisionnelles et opérationnelles – répond à un perpétuel souci d'objectivité et de neutralité. Ce dispositif médiatique, tendant à privilégier une description factuelle et préférant attribuer la « responsabilité » de la réflexion analytique à des intervenants externes (experts, etc.), ne permet paradoxalement pas d'éviter le piège de la neutralité. À force de citations continues de faits et de chiffres précis[3], la volonté – et, dans certains cas, l'obsession – de neutralité des journaux contribue, *in fine*, à rendre leur couverture déséquilibrée. Dans ce sens, le fait d'envisager une confrontation de points de vue – positifs et négatifs – de l'événement ne rend pas automatiquement neutre le traitement de l'information : opposer un argumentaire pro-israélien à un argumentaire pro-palestinien ne neutralise en rien la controverse. D'un point de vue analytique, cette tendance globale à la focalisation sur les acteurs dissimule un suivi différencié, variant à la fois selon les quotidiens et selon la nature des acteurs concernés. De façon générale, l'ensemble des journaux étudiés accorde une part importante de son espace rédactionnel et consacre, par conséquent, un poids et une visibilité relatifs aux acteurs « dominants ».

« Comme souvent depuis le 11 septembre 2001, les médias se trouvent face à un conflit étrange qui ne se joue pas entre deux États mais entre un État et un adversaire insaisissable »[4]. Si les attentats du World Trade Center au début des années 2000 marquent un tournant dans l'histoire moderne de la « guerre », ils symbolisent également pour certains une incursion de la fiction dans le réel, modifiant à ce titre le rapport des médias à la réalité. Ce qui apparaît comme un bouleversement dans le traitement médiatique peut même pour d'autres être associé au développement, initialement aux États-Unis et à des fins commerciales, du *storytelling*[5] qui s'est aujourd'hui imposé à tous les secteurs

---

[3] À titre d'exemple, dans leur édition du 29 décembre 2008, *Le Figaro* annonce qu'« [un] total de 110 roquettes et mortiers ont été tirés au cours du weekend, faisant un mort dans la ville de Netivot », tandis que *Le Monde* déclare que « [plus] de deux cents roquettes sont tombées sur le territoire israélien depuis la fin de la trêve, le 16 décembre ».

[4] Gontier, S., « Gaza : les JT pris au piège de la neutralité », *Télérama.fr*, 11 décembre 2009.

[5] Salmon, C., *op. cit.*

de la société et transcende les lignes de partage politiques, culturelles ou professionnelles. Non seulement Christian Salmon affirme que les appareils politiques se sont emparés de cette technique du récit, mais il met surtout l'accent sur le pouvoir de propagation de ce qu'il identifie comme un « nouvel ordre narratif »[6]. Partant, le phénomène de standardisation du traitement médiatique de la guerre à Gaza opéré par certains organes de presse analysés tend à les placer dans une position de relais de la « pensée dominante ». Ce positionnement se veut particulièrement marquant en France, et de surcroît dans le cas du *Figaro*, eu égard à la promiscuité de ce quotidien avec le pouvoir politique. Ainsi, leur couverture des modalités de « sortie » de la guerre à Gaza, lue comme une énième réminiscence du conflit israélo-palestinien, traduit une vision extrinsèque de la résolution du conflit, en ce sens que la solution est présentée comme devant nécessairement venir de la communauté internationale (sous-entendu, les Nations unies) et de l'extérieur (un acteur étatique présent sur la scène internationale, dont au premier chef les États-Unis). De façon générale, l'établissement de la paix israélo-palestinienne est décrite comme tributaire des initiatives internationales – médiations et tractations – d'acteurs tiers[7]. Cette approche s'inscrit dans la vision politique américaine de type brzezinskienne consistant à vouloir « faire du Moyen-Orient une zone de paix »[8]. Aux visions médiatique et politique globalistes dominantes, d'aucuns opposent une vision concentrique de la stabilité moyen-orientale – et, par conséquent, de la guerre à Gaza, – qui demeurerait avant tout circonscrite à la résolution du conflit israélo-palestinien (ligne de fracture entre deux cultures)[9]. Les tenants de cette lecture centripète considèrent ainsi la conclusion d'accords de paix entre Israël et l'Autorité palestinienne comme l'élément fondateur d'un effet domino favorable à la stabilité régionale.

En tentant de théoriser notre approche, il s'est agi, dans un premier temps, de « "saisir la signification des événements en cours" (fonction descriptive) » et, dans un second temps, de « les "comprendre" (fonction explicative) »[10]. Il importe à présent de tirer les enseignements de cette double analyse, afin de livrer une vision originale de la résolution du conflit plus largement israélo-arabe. Si la post-guerre froide est généra-

---

[6] *Ibidem*, p. 210.

[7] Ainsi en atteste notamment l'insistance des quotidiens analysés sur le silence et l'apathie de la communauté internationale, sur les échecs des différentes tentatives de médiation ou encore sur la nécessité d'une résolution multilatérale et collective du conflit.

[8] Brzezinski, B., « Pour une nouvelle stratégie américaine de paix et de sécurité », *Politique étrangère*, vol. 68, n° 3-4, 2003, p. 502.

[9] Huntington, S. P., *Le choc des civilisations*, Paris, Odile Jacob, coll. « Poche », 2000.

[10] Battistella, D., *op. cit.*, Les Presses de Sciences Po, p. 534.

lement décrite comme une période de déconstruction ou de reconstruction de la sécurité, la globalisation économique et culturelle qu'elle sous-tend n'est pas pour autant synonyme de pacification du monde. En politisant les différences et en ravivant les disparités, elle exacerbe tous les rapports et érige la concurrence en principe cardinal. Très tôt pressenti par Jean-Paul Charnay, la stratégie est ainsi devenue à la fois « globale » et « différentielle »[11], dans la mesure où elle concerne tous les acteurs, à l'échelle planétaire, tout en se dissociant en fonction des champs dans lesquels elle se déploie. Désormais « multidimensionnelle et protéiforme, [la stratégie] a perdu sa stricte pertinence militaire pour en acquérir une nouvelle, d'ordre systémique »[12]. Sous l'angle politologique, l'analyse de la guerre à Gaza s'inscrit dès lors adéquatement dans une lecture géopolitique de type systémique telle que défendue par Gérard Dussouy, affirmant que la « confrontation désormais mondiale des intérêts, des valeurs, des symboles, des visions de l'Histoire et du devenir, que provoque la globalisation, entraîne une prise en considération de l'espace de vie dans toutes ses dimensions et avec toutes ses hétérogénéités »[13]. Partant, s'affranchir d'une vision manichéenne du conflit au profit d'une approche multifactorielle de type *multi-level areas and multi-actor networks* permet *in fine* à l'analyse de la guerre à Gaza et de sa résolution d'esquiver l'écueil d'une confrontation stérile entre une approche purement holiste et une approche strictement centripète du conflit.

« Danger is not an objective condition. It [*sic*] is not a thing that exists independently of those to whom it may become a threat »[14].

---

[11] Charnay, J.-P., *Essai général de stratégie*, Paris, Champ libre, 1973.

[12] Dussouy, G., « Vers une géopolitique systémique », *La revue internationale et stratégique*, n° 47, automne 2002, p. 53-66.

[13] *Ibidem*, p. 66.

[14] « Le danger n'est pas un état objectif. Il n'existe pas indépendamment de ceux pour qui il peut devenir une menace. » Campbell, D., *Writing Security. United States Foreign Policy and the Politics of Identity*, Minneapolis, University of Minnesota Press, 1998, p. 1.

Bibliographie

Ouvrages et revues

Accardo, A. et Corcuff, P., *La sociologie de Bourdieu : Textes choisis et commentés*, 2ᵉ édition revue et commentée, Bordeaux, Le Mascaret, 1989.

Alili, R., *Qu'est-ce que l'islam ?*, Paris, La Découverte, coll. « La Découverte/Poche », 2004.

Amin, S., *Pour un monde multipolaire*, Paris, Éditions Syllepses, coll. « Construire des alternatives », 2005.

Aristote, *De l'âme*, Paris, Gallimard, 1994.

Badie, B., *Le diplomate et l'intrus. L'entrée des sociétés dans l'arène internationale*, Paris, Fayard, coll. « L'espace du politique », 2008.

Badie, B. et Smouts, M.-C., *Le retournement du monde. Sociologie de la scène internationale*, 3ᵉ édition, Paris, Dalloz-Les Presses de Sciences Po, 1999.

Barrea, J., *L'utopie ou la guerre*, Bruxelles, Ciaco, 1985.

Barrea, J., *Théories des relations internationales. De l'« idéalisme » à la « grande stratégie »*, Louvain-la-Neuve, Érasme, 2002.

Barzin, N., *L'Iran nucléaire*, Paris, L'Harmattan, 2005.

Battistella, D., *Retour de l'État de guerre*, Paris, Armand Colin, 2006.

Battistella, D., *Théories des relations internationales*, 2ᵉ édition, Paris, Les Presses de Sciences Po, 2006.

Baylis, J. et Smith, S., *The Globalization of World Politics*, Oxford, Oxford University Press, 1997.

Berridge, G. et James, A., *A Dictonary of Diplomacy*, Houndmills, Palgrave, 2001.

Bertin Kouassi, K., *La communauté internationale, de la toute-puissance à l'inexistence*, Paris, L'Harmattan, 2007.

Blandin, C., *Le Figaro. Deux siècles d'histoire*, Paris, Armand Colin, 2007.

Boniface, P., *Vers la quatrième guerre mondiale ?*, Paris, Armand Colin, 2005.

Braud, P., *Sociologie politique*, 7ᵉ édition, Paris, LGDJ, coll. « Manuel », 2004.

Bréchon, P. (dir.), *L'opinion publique*, Paris, L'Harmattan, coll. « Logiques Politiques », 2003.

Brun, E., *Les relations entre l'Amérique du Sud et le Moyen-Orient. Un exemple de relance Sud-Sud*, Paris, L'Harmattan, coll. « Inter-National », 2008.

Brzezinski, Z., *Le grand échiquier. L'Amérique et le reste du monde*, Paris, Bayard, 1997.

Bull, H., *The Anarchical Society. A Study of Order in World Politics*, Londres, Macmillan, 1977.

Burton, J., *World Society*, Cambridge, Cambridge University Press, 1972.

Buzan, B., *People, States and Fear*, 2ᵉ édition, Londres, Harverster Wheatsheaf, 1991.

Campbell, D., *Writing Security. United States Foreign Policy and the Politics of Identity*, Minneapolis, University of Minnesota Press, 1998.

Cantori, I. J. et Speigel, S. L., *The international relations of Regions : a comparative Approach*, Englewood Cliffs, Prentice Hall, 1970.

Carr, E. H., *The Twenty Years' Crisis*, New York, Harper & Row, 1964.

Carr, E. H., *The Twenty Years' Crisis : 1919-1939. An Introduction to the Study of International Relations*, 2ᵉ édition, Londres, Macmillan, 1981.

Chalon, J., *Journal de Paris, 1963-1983*, Paris, Omnibus, 2000.

Champagne, P., *Faire l'opinion. Le nouveau jeu politique*, Paris, Éditions de Minuit, 1990.

Charillon, F. (dir.), *Politique étrangère. Nouveaux regards*, Paris, Les Presses de Sciences Po, coll. « Références inédites », 2002.

Charnay, J.-P., *Essai général de stratégie*, Paris, Champ libre, 1973.

Chartier, L., *Mesurer l'insaisissable*, Québec, Presses de l'Université du Québec, 2003.

Chemiller-Gendreau, M., *Humanités et souverainetés – Essai sur la fonction du droit international*, Paris, La Découverte, 1995.

Claude, I., *Power and International Relations*, New York, Random House, 1962.

Clausewitz (von), C., *De la guerre*, Paris, Perrin, coll. « Tempus », 2006.

Clement, K., *Peace and security in the Asia pacific Region*, Tokyo, United Nations, 1993.

Cohen, S., *Les diplomates. Négocier dans un monde chaotique*, Paris, Autrement, 2002.

Dassetto, F., *La rencontre complexe. Occidents et islams*, Louvain-la-Neuve, Academia-Bruylant, 2004.

David, C.-P., *La guerre et la paix*, Paris, Les Presses de Sciences Po, coll. « Les Manuels », 2006.

Daws, S. et Taylor, P., *The United Nations. Volume 2 : Functions and Futures*, Londres, Ashgate, 2000.

Debray, R., *L'État séducteur*, Paris, Gallimard, 1993.

Debray, R., *Loués soient nos seigneurs. Une éducation politique*, Paris, Gallimard, 1996.

Debray, R., *Introduction à la médiologie*, Paris, Presses Universitaires de France, 2000.

Defay, A., *Géopolitique du Proche-Orient*, 3ᵉ édition, Paris, Presses Universitaires de France, 2006.

Delcorde, R., *Les mots de la diplomatie*, Paris, L'Harmattan, 2005.

Deutsch, K. W., *Political Community and the North Atlantic Area*, Princeton, Princeton University Press, 1957.

de Wilde, T. et Liégeois, M., *Deux poids deux mesures ? L'ONU et le conflit israélo-arabe : une approche quantitative*, Louvain-la-Neuve, UCL, Presses Universitaires de Louvain, 2006.

Drumont, E., *La France juive devant l'opinion*, Paris, Déterna, 2009.

Dupuis, R.-J., *La Communauté internationale entre le mythe et l'histoire*, Paris, Économica, 1986.

Durand, M.-F., *La PESC : ouvrir l'Europe au monde*, Paris, Les Presses de Sciences Po, 1998.

Durand, P. (dir.), *Médias et censure. Figures de l'orthodoxie*, Liège, Les Éditions de l'Université de Liège, 2004.

Durkheim, É., *De la division du travail social*, Paris, Quadrige/Presses Universitaires de France, 1994.

Encel, F. et Thual, F., *Géopolitique d'Israël. Dictionnaire pour sortir des fantasmes*, Paris, Seuil, 2004.

Freund, J., *L'essence du politique*, Paris, Dalloz, 2004.

Geuens, G., *L'information sous contrôle. Médias et pouvoir économique en Belgique*, Bruxelles, Éditions Labor, 2002.

Geuens, G., *Tous pouvoirs confondus. État, Capital et Medias à l'ère de la mondialisation*, Bruxelles, Éditions EPO, 2002.

Ghiglione, R. et Matalon, B., *Les enquêtes sociologies. Théories et pratique*, Paris, Armand Colin, 1998.

Goldstein, J. et Keohane, R. O., *Ideas and Foreign Policy. Beliefs, Institutions and Political Change*, Ithaca, Cornell University Press, 1993.

Halimi, S. et Vidal, D., *L'opinion, ça se travaille...*, Marseille, Éléments, coll. « Agone », 2006.

Hertoghe, A., *La guerre à outrance. Comment la presse nous a désinformés sur l'Irak*, Paris, Calmann-Lévy, 2003.

Herzl, T., *L'État des Juifs*, Paris, La Découverte, coll. « La Découverte/Poche », 2003.

Hobbes, T., *Léviathan*, Paris, Gallimard, coll. « Folio », 2000.

Hocking, M., *Foreign ministries : change and adaptation*, Basingstoke, Macmillan Press, 1999.

Huntington, S. P., *Le choc des civilisations*, Paris, Odile Jacob, coll. « Poche », 2000.

Jamet, C. et Jannet, A.-M., *La mise en scène de l'information. Tome 2 – Les stratégies de l'information*, Paris, L'Harmattan, coll. « Champs Visuels », 1999.

Joxe, A. et Kheir, É., « Processus de paix et états de guerre. Moyen-Orient, Balkans, Colombie : le débat stratégique euro-américain, 1999-2000 », *Cahier d'études stratégiques*, n° 29, 2000.

Kant, E., *Vers la paix perpétuelle. Que signifie s'orienter dans la pensée ? Qu'est-ce que les Lumières ?*, Paris, GF Flammarion, 1991.

Kaspi, A., *Les Juifs Américains*, Paris, Points, 2009.

Kessler, M.-C., *La politique étrangère de la France. Acteurs et processus*, Paris, Les Presses de Sciences Po, 1999.

Kindlerberger, C., *La grande crise mondiale. 1929-1939*, Paris, Économica, 1988.

Kissinger, H., *Diplomatie*, Paris, Fayard, 1996.

Knight, W. A., *A Changing United Nations – Multilateral Evolution and the Quest for Global Governance*, Londres, Palgrave, 2000.

La Balme, N., *Partir en guerre : décideurs et politiques face à l'opinion publique*, Paris, Autrement, 2002.

Lacoste, Y., *Géopolitique de la Méditerranée*, Paris, Armand Colin, 2006.

Lambert, D., *L'administration de George W. Bush et les Nations unies*, Paris, L'Harmattan, coll. « Inter-National », 2005.

Laroche, J., *La politique internationale*, Paris, LGDJ, 1998.

Leray, C., *L'analyse de contenu, de la théorie à la pratique. La méthode Morin-Chartier*, Québec, Presses de l'Université du Québec, 2008.

Linklater, A., *The transformation of political community : ethical foundations of the post-Westphalian era*, Oxford, Polity Press, 1998.

Lippmann, W., *Public Opinion*, New York, Harcourt Brace Javanovich, 1922.

Maalouf, A., *Les identités meurtrières*, Paris, LGF, coll. « Livre de Poche », 2001.

Marthoz, J.-P., *Journalisme international*, Bruxelles, Éditions De Boeck Université, coll. « Info & Com », 2008.

McGeough, P., *Kill Khalid : The Failed Mossad Assassination of Khalid Mishal and the Rise of Hamas*, New York, New Press, 2009.

Mearsheimer, J. J. et Walt, S. M., *Le lobby pro-israélien et la politique étrangère américaine*, Paris, La Découverte, 2009.

Melandri, P. et Vaïsse, J., *L'empire du Milieu. Les États-Unis et le monde depuis la fin de la guerre froide*, Paris, Odile Jacob, 2001.

Mény, Y et Surel, Y., *Politique comparée*, 8e édition, Paris, Montchrestien, coll. « Domat politique », 2009.

Metzger, J.-P. (dir.), *Médiation et représentation des savoirs*, Paris, L'Harmattan, coll. « Communication et civilisation », 2004.

Mikaïl, B., *La politique américaine au Moyen-Orient*, Paris, Dalloz, 2006.

Moreau Defarges, P., *Introduction à la géopolitique*, 2e édition, Paris, Seuil, 2005.

Moreau Defarges, P., *Droits d'ingérence dans le monde post-2001*, Paris, Les Presses de Sciences Po, coll. « Nouveaux Débats », 2006.

Moreau Defarges, P., *L'ordre mondial*, 3e édition, Paris, Armand Colin, 2003.

Nachi, M., *Introduction à la sociologie pragmatique. Vers un nouveau style sociologique ?*, Paris, Armand Colin, coll. « Cursus », 2006.

Naville-Morin, V., *L'écriture de presse*, Paris, Mouton, 1969.

Neveu, É., *Sociologie du journalisme*, Paris, La Découverte, 2001.

Nye, J., *The Paradox of American Power : Why the World's Only Superpower Can't Go It Alone*, New York, Oxford University Press, 2002.

Page, B. et Shapiro, R., *The Rational Public*, Chicago, University of Chicago Press, 1992.

Péan, P., *La Face cachée du Monde. Du contre-pouvoir aux abus de pouvoir*, Paris, Mille et une nuits, 2003.

Petermann, S., « *Processus d'élaboration de la politique étrangère* », Liège, Éditions de l'Université de Liège, 2006.

Pfetsch, F., *La politique internationale*, Bruxelles, Bruylant, 2000.

Pinsker, L., *Autoémancipation ! : Avertissement d'un Juif russe à ses frères*, 1re édition, Paris, Mille et une nuits, coll. « La petite collection », 2006.

Ralite, J., *Traitement par les médias français du conflit israélo-palestinien*, Paris, L'harmattan, coll. « Le Scribe Cosmopolite », 2007.

Rawls, J., *The law of Peoples*, Cambridge, Harvard University Press, 2001.

Recanati, F., *La transparence et l'énonciation*, Paris, Seuil, coll. « L'ordre philosophique », 1979.

Roche, J.-J., *Théories des relations internationales*, 6e édition, Paris, Montchrestien, coll. « Clefs/Politique », 2006.

Rodinson, M., *Les Arabes*, Paris, Presses Universitaires de France, 1979.

Roosens, C., Rosoux, V. et de Wilde, T. (dir.), *La politique étrangère : le modèle classique à l'épreuve*, Bruxelles, Cecri, P.I.E. Peter Lang, 2004.

Roy, O., *L'islam mondialisé*, Paris, Seuil, 2004.

Ruggie, J. G., *Multilateralism Matters. The Theory and Praxis of an Institutional Form*, New York, Columbia University Press, 1993.

Salmon, C., *Storytelling, la machine à fabriquer des histoires et à formater les esprits*, Paris, La Découverte, coll. « La Découverte/Poche », 2008.

Salmon, J., *Dictionnaire de droit international public*, Bruxelles, Bruylant, 2001.

Santander, S., *Le régionalisme sud-américain, l'Union européenne et les États-Unis*, Bruxelles, Éditions de l'Université de Bruxelles, 2008.

Santander, S. (dir.), *L'émergence de nouvelles puissances : vers un système multipolaire ?*, Paris, Ellipses, 2009.

Senarclens (de), P., *Mondialisation, souveraineté et théories des relations internationales*, Paris, Armand Colin, 1998.

Sfeir, A., *Vers l'Orient compliqué*, Paris, Grasset, coll. « Essai », 2006.

Simmel, G., *Le conflit*, Belval, Circé, 2003.

Smouts, M.-C., *Les organisations internationales*, Paris, Armand Colin, coll. « Cursus », 1995.

Smouts, M.-C. (dir.), *Les nouvelles relations internationales. Pratiques et théories*, Paris, Les Presses de Sciences Po, 1998.

Smouts, M.-C., Battistella, D. et Vennesson, P., *Dictionnaire des relations internationales*, Paris, Dalloz, 2003.

Soetendorp, B., *Foreign policy in the European Union*, New York, Longman, 1999.

Soulier, E., *Le storytelling : concepts, outils et applications*, Paris, Hermes Science Publications, 2005.

Stein, A. A., *Why Nations Cooperate ? Circumstances and Choice in International Relations*, Ithaca, Cornell University Press, 1990.

Stephany, P., *La Libre Belgique. Histoire d'un journal libre 1884-1996*, Louvain-la-Neuve, Duculot, 1996.

Stoll, A. (dir.), *Le Guide de la Presse 1990*, Paris, Office Universitaire de Presse (OFUP), 1990.

Trinquier, R., *La guerre moderne*, Paris, Économica, 2008.

Union académique internationale, *Dictionnaire de la terminologie du droit international*, Paris, Sirey, 1960.

Villalpando, S., *L'émergence de la communauté internationale dans la responsabilité des États*, Paris, Presses Universitaires de France, 2005.

Villar, C., *Le discours diplomatique*, Paris, L'Harmattan, coll. « Pouvoirs comparés », 2006.

Wieviorka, M., *L'antisémitisme est-il de retour ?*, Paris, Larousse, coll. « À dire vrai », 2008.

Wolfers, A., « The Actors in International Politics », in Wolfers, A., *Discord and Collaboration*, Baltimore, John Hopkins University Press, 1962.

Woodrow, A., *Les médias. Quatrième pouvoir ou cinquième colonne ?*, Paris, Éditions du Félin, 1996.

Zakaria, F., *The Post-American World*, New York, W. W. Norton & Company, 2008.

Zielonka, J., *Explaining Euro-paralysis : Why Europe Is Unable to Act in International Politics*, London, Palgrave, 1998.

Articles de revues et parties d'ouvrages

Abi-Saab, G., « Wither the International Community ? », *European Journal of International Law*, vol. 9, n° 2, 1998.

Abitbol, M., « Démocratie et religion », *Cités*, n° 12, 2002/4.

Azria, R., « Réidentification communautaire du judaïsme », in Davie, G. et Hervieu-Léger, D., *Identités religieuses en Europe*, Paris, La Découverte, coll. « Recherches », 1996.

Battistella, D., « L'ordre international, norme politiquement construite », *La revue internationale et stratégique*, n° 54, été 2004.

Bourdieu, P., « L'opinion publique n'existe pas », in Bourdieu, P. (dir.), *Questions de sociologie*, Paris, Éditions de Minuit, coll. « Reprise », 2002.

Brzezinski, B., « Pour une nouvelle stratégie américaine et paix et de sécurité », *Politique étrangère*, vol. 68, n° 3-4, 2003.

Cahen, J., « La politique syrienne de la France, de Jacques Chirac à Nicolas Sarkozy », *Politique étrangère*, n° 1, 2009.

Cahin, G., « Apport du concept de mythification aux méthodes d'analyse du droit international », in *Mélanges offerts à Charles Chaumont*, Paris, Pedone, 1984.

Charaudeau, P., « Analyse du discours et communication. L'un dans l'autre ou l'autre dans l'un ? », *Semen*, n° 23, 2007.

Charbit, D., « Sionisme singulier, sionismes pluriel : unité et controverses dans l'histoire moderne d'Israël », *Mouvement*, n° 33-34, 2004/3-4.

Charbit, D., « Paysage après la bataille : les forces politiques en Israël 2000-2005 », *Confluences Méditerranée*, n° 54, 2005.

Charillon, F., « La stratégie européenne dans le processus de paix du Moyen-Orient : la politique étrangère de proximité et de diplomatie du créneau », in Durand, M.-F., *La PESC : ouvrir l'Europe au monde*, Paris, Les Presses de Science Po, 1998.

Chartier, L., « Un chiffre étonnant : 40 % de la partialité de la presse ! », *Bulletin de Recherches RP*, juin 2004.

Compagnon, O., « L'Amérique latine dans les relations internationales », *Relations internationales*, n° 137, 2009/1.

Daoudy, M., « Le Long chemin de Damas. La Syrie et les négociations de paix avec Israël », *Les études du CERI*, n° 119, 2005.

Djalili, M.-R. et Therme, C., « L'Iran en Amérique latine : la République islamique dans le pré-carré des États-Unis », *Maghreb Machrek*, n° 197, 2008.

Dupuis, R.-J., « Communauté internationale et disparités de développement », *Recueil des Cours de l'Académie de Droit International de La Haye*, tome 165, 1979-IV.

Encel, F., « Guerre libanaise de juillet-août 2006 : mythes et réalités d'un échec militaire israélien », *Hérodote*, n° 124, 2007.

Flandrin, A., « Kaled Mechaal. Itinéraire d'un chef du Hamas », *Courrier de l'Atlas*, n° 30, octobre 2009.

Gauthier, G., « L'analyse éditoriale française et québécoise. Une comparaison entre *Le Monde* et *Le Devoir* », *Études de communication*, n° 25, 2002.

Gayan, A. K., « La *realpolitik*, élément incontournable des relations internationales », *La revue internationale et stratégique*, n° 67, 2007/3.

Golan, A., « France-Israël : chronique d'une symbiose marquée. Regard fragmentaire sur les relations franco-israéliennes », *Outre-Terre*, n° 9, 2004/4.

Greilsammer, I., « Réflexion sur l'identité israélienne aujourd'hui », *Cités*, n° 29, 2007/1.

Heisbourg, F., « Défense et diplomatie : de la puissance à l'influence », in Fauroux, R. et Spitz, B. (dir.), *Notre État. Le livre vérité de la fonction publique*, Paris, Robert Lafont), 2000.

Hershco, T., « Les relations franco-israéliennes, 2000-2007 : quel bilan ? », *Journal d'étude des relations internationales au Moyen-Orient*, n° 1, 2008/3.

Higgott, R., « Mondialisation et gouvernement : l'émergence du niveau régional », *Politique étrangère*, n° 2, 1997.

Hill, C., « Renationalizing or Regrouping ? EU Foreign Policy since 11 September 2001 », *Journal of Common Market Studies*, vol. 42, n° 1, 2004.

Hoop Scheffer (de), A., « Le multilatéralisme américain, entre pragmatisme et réinvention », *Questions internationales*, n° 39, La Documentation française, septembre-octobre 2009.

Hroub, K., « Aux racines du Hamas. Les Frères musulmans », *Outre-Terre*, n° 22, 2009/1.

Hubé, N., « Le courrier des lecteurs. Une parole journalistique profane ? », *Mots. Les langages du politique*, n° 87, 2008/2.

Job, B. L., « Multilatéralisme et résolution des conflits régionaux : les illusions de la coopération », *Études internationales*, vol. 26, n° 4, 1995.

Joxe, A., « L'humanitarisme au service de l'empire », *Manière de voir*, n° 107, octobre-novembre 2009.

Karmon, E., « En quoi le Hezbollah est-il une menace pour l'État d'Israël ? », *Outre-Terre*, n° 13, 2005/4.

Kennedy D., « The Disciplines of International Law and Policy », *Leiden Journal of International Law*, vol. 12, n° 1, 2000.

Keohane, R. O., *The Contingent Legitimacy of Multilateralism*, Garnet Network of Excellence, Working paper n° 09/06, septembre 2006.

Klein, P., « Les problèmes soulevés par la référence à la "communauté internationale" comme facteur de légitimité », in Corten, O. et Delcourt B. (dir.), *Droit, légitimation et politique extérieure : l'Europe et la guerre du Kosovo*, Bruxelles, Bruylant, 2000.

Knight, A. W., « Multilatéralisme ascendant ou descendant : deux voies dans la quête d'une gouverne globale », *Études internationales*, vol. 26, n° 4, 1995.

Kourliandsky, J.-J., « Politique étrangère du Venezuela. Le choc des mots, le poids des réalités », *La Revue internationale et stratégique*, n° 64, 2006/4.

Kristof, L. K. D., « The Origins and Evolution of Geopolitics », *The Journal of Conflict Resolution*, vol. 4, n° 1, 1960.

Legrain, J.-F., « Pour une autre lecture de la guerre à Gaza », *Revue Humanitaire*, n° 21, avril 2009.

Makinsky, M., « Le Qatar et Gaza : révélateur d'enjeux conflictuels, savant jeu d'équilibre », *Outre-Terre*, vol. 1, n° 22, 2009.

Massing, M., « Deal breakers », *The American Prospect*, vol. 13, n° 5, 2002.

Maury, J.-P., « Le système onusien », *Pouvoirs*, vol. 2, n° 109, 2004.

Merrill, J., « Les quotidiens de référence dans le monde », *Les Cahiers du journalisme*, n° 7, 2000.

Metin Hakki, M., « Dix ans d'alliance turco-israélienne : succès passés et défis à venir », *Politique étrangère*, n° 2, 2006.

Mosler, H., « The International Society as a Legal Community », *Recueil des Cours de l'Académie de Droit International de La Haye*, tome 140, 1974-IV.

Navon, E., « Sionisme et vérité. Plaidoyer pour l'État juif », *Outre-terre*, vol. 4, n° 9, 2004.

Öztürk, A., « Le dernier Ottoman ? La Turquie après la guerre de Gaza », *Outre-Terre*, vol. 1, n° 22, 2009.

Piet, G., « Quels sont les enjeux et les conséquences de la dissuasion nucléaire israélienne : prolifération, non-prolifération, sécurité ou insécurité ? », *Cahiers de Sciences politiques de l'ULg*, cahier n° 16, 2009.

Pouligny, B., « La "communauté internationale" face aux crimes de masse : les limites d'une "communauté" d'humanité », *Revue Internationale de Politique Comparée*, vol. 8, n° 1, 2001.

Rabi, U., « Qatar's Relations with Israel. An Exemplar of an Independent Foreign Policy », *Tel Aviv Notes*, 2008.

Razoux, P., « Nouvelle donne au Proche-Orient ? », *Politique étrangère*, n° 3, automne 2009.

Remacle, É. et Delcourt, B., « La PESC à l'épreuve du conflit yougoslave. Acteurs, représentations, enseignements », in Durand, M.-F. et de Vasconcelos, A., *La PESC, ouvrir l'Europe au monde*, Paris, Presses de Science Po, 1998.

Reynié, D., « Mesurer pour régner », in Wolton, D., *L'opinion publique*, Paris, CNRS Éditions, coll. « Les essentiels d'Hermès », 2009.

Roy, O., « Faut-il avoir peur d'Ahmadinejad ? », *Politique internationale*, n° 111, printemps 2006.

Rucker, L., « La contestation de l'ordre international : les États révolutionnaires », *La revue internationale et stratégique*, n° 54, été 2004.

Ruggie, J. G., « International Responses to Technology. Concepts and Trends », *International Organization*, vol. 29, n° 3, été 1975.

Salgueiro, A. P., « Il Venezuela di Chavez : L'asse Caracas-Teheran », *Limes*, n° 2, février 2007.

Serbin, A., « Cuando la limosna es grande. El Caribe, Chávez y los limites de la diplomacia petrolera », *Nueva Sociedad*, n° 205, septembre-octobre 2006.

Sibany, S., « Les Arabes d'Israël : une minorité nationale palestinienne ? », *Hérodote*, n° 124, 2007.

Simma, B. et Paulus, A. L., « The "International Community" : Facing the Challenge of Globalization », *European Journal of International Law*, vol. 9, n° 2, 1998.

Spies, V., « De l'énonciation à la réflexivité : quand la télévision se prend pour objet », *Semen*, n° 26, 2008.

Taguieff, P.-A., « Anti-israélisme et judéophobie : l'exception française », *Outre-Terre*, n° 9, 2004/4.

Tertrais, B., « Faut-il avoir peur de l'Iran ? », *Études*, n° 4046, juin 2006.

Torrekens, C., « Le pluralisme religieux en Belgique », *Diversité canadienne*, vol. 4, n° 3, 2005.

Trigano, S., « Juifs et judaïsme en Europe : une morphologie du particulier et de l'universel », in Vincent, G. et Willaime, J.-P., *Religions et transformations de l'Europe*, Strasbourg, Presses Universitaires de Strasbourg, 1993.

Viera, E., « Venezuela : l'alliance iranienne », *Outre-Terre*, vol. 1, n° 18, 2007.

Communications et *Working Paper*

Alder, E., *Imagined security Communities*, papier présenté à l'*Association of political Science*, New York, 1994.

Chateauraynaud, F., « Une entéléchie d'après la guerre froide. Note sur les modes d'existence de la communauté internationale », *École des Hautes Études en Sciences Sociales, Groupe de Sociologie Pragmatique et Réflexive* (GSPR), Document de travail, juillet 2002.

Jespers, J.-J., « Déontologie des médias. Analyse critique d'une semaine du journal *Le Soir* : ce quotidien remplit-il la mission citoyenne des médias telle que la définit la Fondation Roi Baudouin ? », *Notes de cours*, Université Libre de Bruxelles, juillet 2008.

Tavernier, A., « Dire d'où l'on parle. Une analyse rhétorique des discours médiatisés », *Communication présentée au XVIIᵉ Congrès de l'Association Internationale des Sociologues de Langue Française*, Tours, 5-9 juillet 2004.

Articles de presse

Govaert, S., « En Belgique, un conflit communautaire peut en cacher un autre », *Le Monde diplomatique*, juin 2004.

Halimi, S., « Misère des médias en France : un journalisme de révérence », *Le Monde diplomatique*, février 1995.

Morgenthau, R. M., « The Emerging Axis of Iran and Venezuela. The prospect of Iranian missiles in South America should not be dismissed », *The Wall Street Journal*, 8 September 2009.

Rapports officiels

Human Rights Council, *Human Rights in Palestine and Other Occupied Arab Territories, Report of the United Nations Fact Finding Mission on the Gaza Conflict*, 15 September 2009.

International Crisis Group, « Gaza's Unfinished Business », *Middle East Report*, n° 85, 23 April 2009.

« Rapport sur l'assistance de la CNUCED au peuple palestinien : évolution de l'économie du territoire palestinien occupé », *Conseil du commerce et du développement*, 56ᵉ session, Genève, 14-25 septembre 2009.

« Géopolitique et résolution des conflits »

Cette collection accueille des travaux dont l'objectif est d'analyser les changements géopolitiques ayant marqué la scène européenne et mondiale depuis 1989.

Au niveau européen, une attention particulière est consacrée aux conflits post-guerre froide ainsi qu'à la transformation des relations entre l'Union européenne et la Russie.

Au niveau mondial, d'intenses bouleversements ont radicalement modifié les grilles de lecture des crises et des conflits, qu'il s'agisse de la prévention, de la gestion ou de la résolution de ceux-ci. Dans cette perspective, la collection est ouverte aux réflexions théoriques et aux études empiriques portant sur le déroulement et les implications internationales de conflits et processus de paix spécifiques.

La collection « Géopolitique et résolution des conflits » réunit dans son équipe éditoriale les membres du Centre d'études des crises et des conflits internationaux de l'Université catholique de Louvain (CECRI-UCL) et des Chaires Inbev-Baillet Latour « Union européenne – Russie » et « Union européenne – Chine » UCL-KUL.

Directeur de collection :
Tanguy de Wilde d'Estmael

Comité de lecture :
Amine Ait-Chaalal, Raoul Delcorde, Vincent Legrand,
Michel Liégeois, Françoise Massart, Claude Roosens,
Valérie Rosoux etTanguy Struye de Swielande

Secrétariat de rédaction :
Galia Glume, Gaëlle Pellon, Xavier Follebouckt et Laetitia Spetschinsky

Support technique :
Annick Bacq

Titres parus dans la collection
« Géopolitique et résolution des conflits »

N° 1– Claude Roosens, Valérie Rosoux & Tanguy de Wilde d'Estmael (dir.), *La politique étrangère. Le modèle classique à l'épreuve*, 2004, 454 pages, ISBN 978-90-5201-231-5

N° 2– Tanguy de Wilde d'Estmael & Laetitia Spetschinsky (dir.), *La politique étrangère de la Russie et l'Europe. Enjeux d'une proximité*, 2004, 263 pages, ISBN 978-90-5201-230-8

N° 3– Jean-François Simonart, *Russie, États-Unis : partenaires de l'Allemagne. Les deux clés de la sécurité européenne*, 2005, 269 pages, ISBN 978-90-5201-257-5

N° 4– Olivier Lanotte, *La France au Rwanda (1990-1994). Entre abstention impossible et engagement ambivalent*, 2007, 533 pages, ISBN 978-90-5201-344-2

N° 5– Tanguy Struye de Swielande, *La politique étrangère de l'administration Bush. Analyse de la prise de décision*, 2007, 288 pages, ISBN 978-90-5201-070-0

N° 6– Éric Remacle, Valérie Rosoux & Léon Saur (dir.), *L'Afrique des Grands Lacs. Des conflits à la paix ?*, 2007, 289 pages, ISBN 978-90-5201-351-0

N° 7– Vincent Legrand, *Prise de décision en politique étrangère et géopolitique. Le triangle « Jordanie-Palestine-Israël » et la décision jordanienne de désengagement de Cisjordanie (1988)*, 2009, 410 pages, ISBN 978-90-5201-532-3

N° 8– Grégory Piet, Sophie Wintgens & David Stans, *La guerre à Gaza, de l'analyse du discours médiatique à l'analyse politologique. L'État et les relations internationales en question*, 2010, 222 pages, ISBN 978-90-5201-662-7.